SV

Hans Blumenberg
Geistesgeschichte der Technik

Mit einem Radiovortrag auf CD
Aus dem Nachlaß herausgegeben von
Alexander Schmitz und Bernd Stiegler

Suhrkamp

Die dem Buch beigegebene CD enthält Hans Blumenbergs Radiovortrag »Die Maschinen und der Fortschritt. Gedanken zu einer Geistesgeschichte der Technik«, gesendet vom Hessischen Rundfunk am 12. 12. 1967.

Bibliografische Information der Deutschen Nationalbibliothek
Die Deutsche Nationalbibliothek verzeichnet
diese Publikation in der Deutschen Nationalbibliografie;
detaillierte bibliografische Daten sind im Internet
über http://dnb.d-nb.de abrufbar.

Erste Auflage 2009

Satz und Druck: Memminger MedienCentrum AG
Printed in Germany
ISBN 978-3-518-58533-7

1 2 3 4 5 6 – 14 13 12 11 10 09

Inhalt

I Einige Schwierigkeiten, eine Geistesgeschichte der Technik zu schreiben

Jede Wissenschaft hat an ihrer eigenen Geschichte zu tragen. Sie bewahrt die Spuren dieser Geschichte auch dann, wenn der Fortschritt ihrer Ergebnisse ausschließlich durch die Erfordernisse ihres Gegenstandes bedingt zu sein scheint.

Die Geschichtsschreibung ist aus den frühen Formen der Chronistik hervorgegangen. Der Chronist erfaßt die Ereignisse in der Reihenfolge ihrer Datierbarkeit, und er erfaßt nur, was datierbar ist. Noch die Form, in der uns auf der Schule Geschichte zuerst begegnet und zumeist ärgerlich wird, ist im Grunde die der Chronik. Ereignisse von historischer Bedeutung sind daher vorzugsweise datierbare menschliche Handlungen, und das heißt solche, die bestimmte Handlungsprodukte gezeitigt haben, seien es Verträge oder Schlachten, Regierungsantritte oder Gesetzeswerke, Eroberung oder Verlust fester Punkte und Grenzen, Tyrannenstürze oder Erbfälle.

Als die Geschichtsschreibung dazu überging, die Kette der Ereignisse nicht mehr einfach chronologisch zu registrieren, sondern Verbindungen zwischen den einzelnen Gliedern dieser Kette nachzuweisen, zeigte sich alsbald, daß Handlungen durch Handlungstheorien, die man ihnen zuordnen konnte, erklärbar sind. Auch hier blieb die Datierbarkeit gewahrt, insofern solche Handlungstheorien den Handlungen in Gestalt von Büchern, Reden, Proklamationen und Manifesten vorhergehen und diese wiederum auf bestimmbare Daten ihrer Erscheinung und ersten Verlautbarung festgelegt werden können. Also sind Handlungstheorien ihrerseits wiederum Handlungen [handschr.: Ereignisse] besonderer Art, mit denen die Chronik angereichert und als verstehbarer Zusammenhang ausgegeben werden konnte.

Zweifel an diesem Schema entstanden erst, als man zu begreifen glaubte, daß auch außertheoretische Voraussetzungen und Bedingungen für Handlungen im weitesten Sinne bestimmend sein können. Der Zusammenhang von Ereignissen und Zuständen ließ sich umkehren. Historische Zustände waren nicht mehr nur Folge und Niederschlag bestimmbarer historischer Ereignisse, sondern ließen ihrerseits Ereignisse erst verstehbar werden.

Um das zu erläutern: eine technische Erfindung ist, zumindest in den letzten Jahrhunderten, ein datierbares Ereignis. Und es scheint, daß die zunehmende Technisierung als der Zustand moderner Industriegesellschafen nichts anderes als das Resultat der Summierung jener erfinderischen Ereignisse ist. Karl Marx hat als erster im 13. Kapitel des ersten Bandes des [handschr.: seines] *Kapitals* mit dem Titel »Maschinerie und große Industrie« diese Betrachtungsweise genau umgekehrt. Die Mechanisierung der Produktion erscheint bei ihm als die in Erfindungen umgesetzte Konsequenz der Arbeitsstruktur der frühindustriellen Manufaktur mit ihrer Zerlegung der ursprünglich handwerklichen Herstellung einer Ware in ihre elementaren Arbeitsvorgänge. An dieser Arbeitsteilung wurde die Möglichkeit der

Mechanisierung geradezu ablesbar, die Übersetzbarkeit des Elementaren in den mechanischen Vorgang gleichsam zwingend demonstriert. Die Erfindungen lagen nicht, wie man zu sagen pflegt, in der Luft, sondern waren im Arbeitsprozeß präformiert. Die Werkstatt zur Produktion der Arbeitsinstrumente selbst, so schreibt Marx, »dieses Produkt der manufakturmäßigen Teilung der Arbeit produzierte seinerseits – Maschinen«.[1] Dieses Modell macht deutlich, was Marx unter einer Geschichtsschreibung versteht, die die materiellen Zustände als Bedingung geistiger Ereignisse und Handlungen ansetzt, und was er einer »kritischen Geschichte der Technologie« abverlangt.[2]

Eine solche Art von Geschichtsschreibung kann nicht in der chronistischen Tradition stehenbleiben. Das Zuständliche entzieht sich der präzisen Datierbarkeit, die das Begründungsverhältnis von Handlungstheorien und Handlungsprodukten bestimmt. Es mußte nun zumindest als möglich angesehen werden, daß Handlungstheorien ihrerseits nur Ausdruck und Folge vorgegebener Verhältnisse seien, daß sie allenfalls die in den Zuständen gelegenen Notwendigkeiten des Handelns aufnehmen, entfalten und systematisieren und dadurch Ereignisse vielleicht vorbereiten und beschleunigt herbeiführen, nicht aber primär motivieren können. In diesen Zusammenhang nun konnte sich ein tiefes Mißtrauen einnisten, das wir heute den Ideologieverdacht zu nennen pflegen: Handlungstheorien begründen nicht von ihnen abhängige Handlungen, sondern rechtfer-

1 Das Kapital I 4, 12.
2 Das Kapital I 4, 13 Anm. 89.

tigen nur ohnehin aus den Zustandsbedingungen fällige Handlungen.

In diesem grob vereinfachten Schema der Problematik jeder Geschichtsschreibung lassen sich die Schwierigkeiten lokalisieren, die für eine Geschichte der Technik entstehen. Auch hier haben wir es mit mehr oder weniger bestimmt datierbaren Ereignissen zu tun. Vorrichtungen, Verfahrenstechniken, Mechanismen, konstruktive Elemente werden in Dokumenten beschrieben oder in musealen Relikten konserviert. Zunächst scheinen die Schwierigkeiten des Historikers der Technik geringer zu sein als die des politischen Historikers, weil das Gegenstandsgebiet eng und klar ausgrenzbar ist und weil – zumindest für den Blick des modernen Betrachters – hier die Zuordnungen von einer sachlichen Logik sind. Es liegt dabei ähnlich wie in der Geschichte der exakten Wissenschaften: die theoretischen Resultate einer bestimmten Stufe enthalten die Probleme für die nächsten Schritte der Erkenntnis. So macht in der Technikgeschichte die Lösung eines bestimmten konstruktiven Problems zugleich die Mängel erkennbar, die noch zu bewältigen sind, und stellt damit die Aufgaben für künftige konstruktive Lösungen. Je näher wir der Gegenwart kommen, um so mehr werden Geschichte der exakten Wissenschaften und Geschichte der Technik, aber auch Geschichte der bildenden Kunst und der Literatur zu geschlossenen Regionen von einer je eigenen inneren Logik ihrer Entwicklung und damit verhältnismäßig unabhängig von äußeren Einwirkungen und Abhängigkeiten. So dürfte die ganze höchst aufwendige Kulturkritik unserer Tage, die vom technischen Optimismus bis zur Dämonisierung der Technik reicht, kaum einen erkennbaren Einfluß auf den Technisierungsprozeß selbst haben, obwohl sie das Verhältnis der Menschen zur technischen Realität beeinflußt.

Die Frage ist nun, ob sich das Modell eines hoch-verdichteten wissenschaftlichen und technischen Zustandes verallgemeinern läßt. Können wir mit der inneren Logik der Sachprozesse auch für die Anfänge der wissenschaftlich und technisch bestimmten Epoche rechnen? Geschichte der Technik muß doch verständlich machen, aus welchen Antrieben die Organisation einer neuen Realität hervorgegangen ist, bevor ihre Elemente selbst die Forderungen ihrer Weiterbildung und Integration präsentieren konnten. Geschichte der Technik kann weder die bloße Chronik des Auftretens neuer Verfahren, Fertigkeiten und Mechanismen sein, noch die Geschichte der *Technik in der Geschichte*, die heute so nachdrücklich gefordert wird: also die Darstellung der Summe aller Abhängigkeiten der Lebensrealität von dem Stand der Technisierung. Geschichte der Technik wird auch und vor allem die Geschichte des Heraustretens der Technik *aus der Geschichte* sein müssen. Ob und wie aus einem bestimmten neuen Verständnis der Wirklichkeit und der Stellung des Menschen innerhalb dieser Wirklichkeit technischer Wille entsteht, wird Thema einer Geistesgeschichte der Technik sein müssen, die nicht nur Selbstdeutungen der technischen Tätigkeit und Urheberschaft sammelt und registriert, sondern die Motivationen eines auf Technik zielenden und von Technik getragenen Lebensstils faßbar werden läßt.

Dies scheint plausibel zu sein, aber die Schwierigkeit beginnt, wenn man diese Geistesgeschichte der Technik entwerfen will. Die Zeugnisse, die sich als Quellen anbieten, scheinen auf den ersten Blick Motivationen technischen Verhaltens und Produzierens nachweisbar zu machen. Aber eine genauere Analyse solcher Quellen – etwa des 17. und 18. Jahrhunderts – erweckt alsbald den Zweifel, ob das, was uns den Zugang zum Hintergrund geistiger Antriebe zu eröffnen scheint, nicht vielmehr dem Bedürfnis der [handschr.: nach] Rechtfertigung des schon Realität Gewordenen seinen Ursprung verdankt. Statt der Bezeugung der Ursprünge erhielten wir dann Stücke einer technischen Ideologie.

Ich möchte das, was hier doppeldeutig werden kann, an drei Beispielen etwas eingehender erläutern.

Das erste Beispiel bezieht sich auf den Begriff der Erfindung, also der originären Hervorbringung einer bis dahin ungekannten Gegenständlichkeit. An der von mir schon zitierten Stelle aus dem *Kapital* von Marx ist deutlich, daß der Erfinder gleichsam nur als der Funktionär und Vollzugsgehilfe des objektiven Prozesses der Industrialisierung erscheint.[3] Das Insistieren auf dem bloßen Reproduktionscharakter der Erfindung wird aber in seiner Tendenz erst verständlich, wenn man den exemplarischen Eigentumsgehalt des Erfindungsbegriffes der Neuzeit heranzieht. Der schon in der Antike ausgebildete Einwand gegen das Privateigentum, daß die Natur alles allen zur Verfügung gestellt

3 AaO: »Eine kritische Geschichte der Technologie würde überhaupt nachweisen, wie wenig irgendeine Erfindung des 18. Jahrhunderts einem einzelnen Individuum gehört.« Die Einschränkung auf das 18. Jahrhundert ist in diesem Zusammenhang nicht ohne Bedeutung, weil darin immerhin für die ›Anfänge‹ eine andere Konzeption offenbleibt.

habe, trifft die Erfindung nicht; Urheberschaft ist daher die reine und unanfechtbare Darstellung von Eigentum geworden. Dennoch besitzt das Rechtsinstitut des geschützten Eigentums des Erfinders an seinem Werk, das erst gegen Ende des 18. Jahrhunderts seine volle Ausbildung erfährt, keineswegs die Selbstverständlichkeit, die es inzwischen angenommen hat.

Das Recht an der Erfindung entwickelt sich in den Auseinandersetzungen über die Einschränkung des fürstlichen Rechtes, Privilegien zu verleihen, wobei die Erteilung eines Handelsmonopols auf eine im Grunde jedermann zugängliche Ware als Inbegriff des Absolutismus unterschieden wird von dem Patent, das dem ersten und wirklichen Erfinder eines neuen Produktes zusteht. Seine natürliche Rechtssphäre wird dadurch geschützt, nicht begründet. Die Auffassung von der Erfindung als einem schutzwürdigen, nicht auf eine Sache, sondern auf die Idee von einer Sache bezogenen Eigentum hat geistesgeschichtliche Voraussetzungen, in denen die traditionellen Auffassungen von der Wirklichkeit und vom Menschen fraglich werden. Dabei rückt zuerst in den Horizont der Möglichkeit, daß es überhaupt Gegenstände geben kann, die vorher in der Natur noch nicht da waren und für die die aristotelische Bestimmung aller menschlichen Fertigkeiten als Nachahmung der Natur nicht mehr zutraf. Ich brauche nur daran zu erinnern, daß der uns auch für den menschlichen Einfall geläufige Ausdruck ›Idee‹ in seiner ursprünglichen platonischen Bedeutung nur für die Urbilder dessen galt, was sich in der Natur als dem Inbegriff der Abbilder vorfindet. Idee konnte hier unmöglich die Bezeichnung für einen vom Gegebenen unabhängigen gedanklichen Entwurf sein. Versucht man, die geschichtliche Wendung zu fassen, die sich in der Begriffsgeschichte der ›Idee‹ vollzogen hat, so stößt man in der Mitte des 15. Jahrhunderts in den Dialogen des Nikolaus von Cues auf die Gestalt des Laien als eine Schlüsselfigur dieses Wendepunktes. Der Laie ist gegen den Typ des scholastischen Gelehrten und sein traditionelles Bild von der Natur und vom Menschen konzipiert. Er ist der Mann der alltäglichen Erfahrung, der sich auf das Messen, Zählen und Wiegen versteht, ein Handwerker, der hölzerne Geräte für den Hausgebrauch herstellt. Und gerade an diesen Geräten demonstriert er im Dialog »Über den Geist«, daß seine Produktion durch die Formel von der Nachahmung der Natur nicht erklärt werden kann. »Die Wesensformen von Löffeln, Schalen und Töpfen werden allein durch menschliche Kunst zustandegebracht.«[4] Zu einer Zeit also, in der die Theorie der Künste noch beherrscht ist von dem aristotelischen Satz der Nachahmung, findet die gering geachtete Tätigkeit des Handwerks eine Interpretation, in der der Vergleich des Menschen mit den schöpferischen Werken der Gottheit nicht nur nicht gescheut, sondern gerade gesucht wird.

Aber zugleich macht diese Tendenz, den Laien als Gegenfigur gegen den Typus des Scholastikers zu stellen, den Beleg in seinem Zeugniswert problematisch. Hier findet primär nicht eine Aufwertung des Menschen statt, für die wohl nach seinen in der Zeit am höchsten bewerteten Tätigkeitsformen hätte gesucht werden müssen, sondern der in

4 Idiota de mente c. 2.

der Tradition der *freien Künste* entwertete Handwerker wird als Demutsfigur gegen den gelehrten Hochmut eingeführt. Was der Laie tut und was er ist, erscheint der Rechtfertigung bedürftig. Die neu gesehene Würde seiner erfinderischen Arbeit dient der Heraushebung einer Haltung, einer im mittelalterlichen Sozialsystem mißachteten Lebensform, und nicht der neuen Begründung des Ursprungs technischer Gebilde als solcher. Damit wird verständlich, daß dieses Zeugnis des Cusaners im 15. Jahrhundert einsam und zunächst wirkungslos bleibt. Auch die Anwendungen, die das Beispiel des Laien auf das Wesen des menschlichen Geistes findet, bleiben im erkenntnistheoretischen Bereich stehen und gehen der Sache nach nicht über das hinaus, was die spätmittelalterliche Scholastik selbst über die Entstehung der menschlichen Begriffe ausgesagt hatte. Der Begriff, so wie er von der Schule des Nominalismus verstanden wurde, bildet nicht mehr die Sache ab, sondern fängt sie nur auf, bezieht sie in ein Netz vom Menschen entworfener Strukturen ein. Im Grunde sind für den Nominalismus die Begriffe Erfindungen, ihr System eine Vorrichtung des Geistes, um mit der Unüberschaubarkeit des Konkreten fertig zu werden. Aber diese Erfindung ist ohne Würde, sie ist eine Notlösung, eine Funktion der Ohnmacht und Bedürftigkeit des menschlichen Intellekts, der die hinter der Natur stehende Vernunft nicht mehr zu reproduzieren vermag. Der Cusaner hat in der Figur des Laien diesem Sachverhalt ein anderes Vorzeichen gegeben: was Bedürftigkeit war, ist Auszeichnung geworden. Um Vorzeichen, um Wertsetzungen geht es in der Geistesgeschichte der Technik sehr wesentlich bis auf den heutigen Tag, an dem noch unentschieden zu sein scheint, welches Wertvorzeichen der Technik endgültig zufallen wird.

Ein zweites Beispiel, an dem ich die Doppeldeutigkeit des geistesgeschichtlichen Hintergrundes der beginnenden Technisierung zeigen möchte, ist die Bedeutung der Vorstellung vom Naturgesetz für diesen Prozeß. In der frühen Geschichte der neuzeitlichen Mechanik und des neuen Interesses an den sogenannten einfachen Maschinen spielt der dem Aristoteles fälschlich zugeschriebene Traktat über die Mechanik eine bedeutende Rolle. Die einfachen Mechanismen, bei denen eine kleine Kraft eine große Last bewegt, werden unter dem Gesichtspunkt der Hervorbringung außerordentlicher Effekte durch Überlistung der Natur dargestellt. Dieser Gedanke steckt schon im griechischen Ursprung des Ausdrucks ›Mechanik‹. Im 17. Jahrhundert gerät diese als List und Trick verstandene Mechanik in Kollision mit der Vorstellung des Naturgesetzes, die zunächst eine deutlich ausgeprägte politische Metaphorik enthält. Dieser metaphorische Gehalt ist in unserer Auffassung von Naturgesetzen verschwunden, die nur noch so etwas wie die Gattungsbegriffe der Naturveränderungen oder die Einschränkungen bedeuten, die wir aus der Erfahrung unseren theoretischen und praktischen Erwartungen vorschreiben. Die im Hellenismus ausgebildete Vorstellung des Kosmos als eines universalen Staates hatte das Naturgesetz nach Analogie des politischen Gesetzes verstanden, das allen Gliedern der Welt als eine zugleich physische und moralische Gesetzgebung auferlegt ist und ihren Gehorsam beansprucht. Diese Analogie läßt aber die Möglichkeit offen, daß gegen das Gesetz verstoßen werden kann, daß man es mit Geschick übertreten und sich den der Gesamtheit versagten Vorteil erlisten kann. Mechanik war ein Inbegriff solcher Listen. Für den echten Aristoteles wäre dieser Gedankengang freilich noch unmöglich gewesen, denn für ihn waren Technik und Künstlichkeit als Nachahmungen gerade auf die Natur und das in ihr Angelegte angewiesen gewesen – und zudem gab es für den Menschen gar nicht das Bedürfnis, sich etwas zu verschaffen, was die Natur ohnehin in ihrer Zweckmäßigkeit für den Menschen besorgte.

Für das Christentum war dies nicht mehr so selbstverständlich. Die Natur war nicht mehr das Paradies, in dem der Mensch einst sorglos und ohne List leben konnte. Und es gab – als unveräußerlichen Bestand der Ursprungsgeschichte des Christentums und als seinen ständigen Begleiter – das Wunder, in dem sich bezeugte, wie Gott selbst die Verbindlichkeit seiner Schöpfung handhabte, wie das Außerordentliche als Vorbehalt über der Ordnung der Natur stand und in ihr jederzeit möglich war. Nicht zufällig erschien das frühe Christentum seiner Umwelt als eine Verschwörung gegen die Naturgesetze; Spuren der Verteidigung gegen diesen Vorwurf finden sich zahlreich bei den christlichen Autoren. Daß die Magie in der christlichen Epoche nicht nur weiterleben, sondern zuweilen ganz unbehelligt und selbstverständlich sich ausbreiten konnte, war zweifellos dadurch begünstigt, daß die Naturordnung grundsätzlich als durchbrechbar erschien.

Im Zeitalter der absolutistischen Staatsform mit ihrer Voraussetzung einer geradezu natürlich gewordenen Willkür des Gesetzgebers konnte die Metapher des Naturgesetzes den Gedanken der geschickten Unterwanderung und

Mißachtung als Selbstbehauptung gegen jede Art von Gesetz nur noch plausibler machen. So ist es nicht verwunderlich, daß die Schrift über die mechanischen Probleme auf eine Affinität des Interesses stieß, das dem Absonderlichen, Staunenswerten und Wunderartigen zugewandt war. Natur und Staat waren zu Inbegriffen souverän dekretierter Ordnungen geworden, in denen das Interesse und Glück des Menschen zumindest nicht vorgesehen erschienen; nur das Wunder gab Hoffnung oder die Geschicklichkeit der Selbstbehauptung. Die Mechanik der mit dem Namen des Aristoteles sanktionierten Schrift schien die Tür zur menschlichen Erzeugung von Wundern durch Geschicklichkeit zu öffnen. Der Traktat bestimmt das Wunderbare einerseits als das, was sich zwar gemäß der Natur ereignet, seiner Ursache nach aber nicht aufgeklärt werden kann, andererseits als das, was durch Kunstfertigkeit und zugunsten des Menschen gegen die Natur geschieht. Und um das nicht als bloßen Übermut erscheinen zu lassen, wird das Interesse des Menschen, gegen die Natur zu handeln, damit begründet, daß die Natur in vielem gerade durch die Regelmäßigkeit ihres Ablaufes gegen das Bedürfnis des Menschen verstößt, das seinerseits vielfältig wechselhaft ist.[5] Noch die

5 Quaestiones mechanicae, in der Akademie-Ausgabe der Werke des Aristoteles, ed. I. Bekker, 847 a 11-18. Aufschlußreich für die systematische Distanz der Begriffe ›Natur‹ und ›Technik‹ ist das Zitat aus dem Dichter Antiphon (a 20), daß »wir durch Kunst das beherrschen, was von Natur uns beherrscht«. Die im Euklid-Kommentar des Proklos (ed. Friedlein 41,5 sqq.) überlieferte Einteilung der Mechanik nach der ›Organopoike‹, der Konstruktion von Kriegsmaschinen, an zweiter Stelle die ›Thaumatopoike‹, die Herstellung des Wunderbaren in Gestalt von Automaten und anderen sich selbst bewegenden Kunstfiguren.

1577 erschienene Mechanik des Guidobaldo del Monte ist von der vermeintlich doppelten aristotelischen Tradition bestimmt, daß Technik sowohl Nachahmung der Natur als auch Verstoß gegen ihre Gesetze sein könne und daß sich der Mensch beider Wege zur Erleichterung seiner ›Lasten‹ (im wörtlichen Sinne) bedienen dürfe. Beide Wege führten zu dem einen Ziel, daß der Mensch über die Natur *mit Vollmacht herrscht und verfügt.*

Der aus der Sicht der Wissenschaftsgeschichte ›falsche‹ Begriff des Naturgesetzes hat eine geschichtlich bedeutsame Funktion: er treibt das Moment der Selbstbehauptung als Motiv des technischen Interesses gegenüber einer den Menschen verunsichernden Natur heraus. Noch die Spielmaschinen und Wunderapparate des Barock geben einen Reflex der mechanischen List.[6] Was für die Ausbildung des

6 In die Kuriositätenkabinette des 16. Jahrhunderts, die vor allem *rariora naturalia* enthielten, drangen mehr und mehr *artificia rariora* ein. Das berühmte ›Museum‹ des Athanasius Kircher (1601-1680) in Rom muß eine eindrucksvolle Demonstration sowohl der von der Natur produzierten ›Wunder‹ als auch der vom Menschen genutzten Möglichkeiten ›gegen die Natur‹ gewesen sein. Der Plan zu einer ›neuen Art von Ausstellungen‹, den Leibniz 1675 entwarf, zeigt eindrucksvoll die Homogeneität des Interesses an natürlichen und technischen Seltsamkeiten (»Drôle de pensée touchant une nouvelle sorte de représentations …«, ed. E. Gerland, in: Abh. z. Gesch. d. math. Wiss. XXI, Leipzig 1906). Der Katalog der vorgesehenen Ausstellungsobjekte enthält seltene Tiere und optische Illusionen, Wettervorhersager und Rechenmaschinen, neue Gesellschaftsspiele und Musikautomaten, Feuerwerke und Flugmaschinen. Der Nutzen des Museums wird programmatisch so beschrieben: »Es würde die Augen des Publikums öffnen, Erfindungen anregen, schöne Ausblicke gewähren und die Leute mit einer unendlichen Zahl nützlicher und geistvoller Neuerungen belehren. Wer eine Erfindung oder einen geistvollen Vorschlag einzubringen habe, fände die Möglichkeit, dies bekanntzumachen und Gewinn daraus zu ziehen. Es würde ein allgemeiner Markt der Erfindun-

Bewußtseins von der Notwendigkeit eines technischen Weltverhältnisses bedeutsam sein konnte, erwies sich für die Geschichte der Technik im engeren Sinne als eine Sackgasse. Das Ende der barocken Welt technischer Kuriositäten wird nirgendwo so anschaulich wie in dem Bericht, den Goethe in seinen ›Annalen‹ von einem Besuch gibt, den er 1805 dem Helmstedter Professor Beireis und seinem berühmten Kuriositätenkabinett machte. Die Wunder waren, an diesem Anfang des 19. Jahrhunderts, zum Plunder geworden. Goethe schreibt: »Gar manches von seinen früheren Besitzungen, das sich dem Namen und dem Ruhme nach noch lebendig erhalten hatte, war in den jämmerlichsten Umständen; die Vaucansonischen Automaten fanden wir durchaus paralysiert. In einem alten Gartenhause saß der Flötenspieler in sehr unscheinbaren Kleidern; aber er flötete nicht mehr ... Die Ente, ungefiedert, stand als Gerippe da, fraß den Haber noch ganz munter, verdaute jedoch nicht mehr: an allem dem ward er aber keineswegs irre, sondern sprach von diesen veralteten halbzerstörten Dingen mit solchem Behagen und so wichtigem Ausdruck, als

gen entstehen. Wer auf sich hält und neugierig ist, würde das Museum besuchen, um darüber sprechen zu können, und selbst die Dame von Welt würde dort gesehen werden wollen, und zwar mehr als einmal.« Eine Marginalie zu diesem Plan ist höchst bedeutsam, vielleicht schon einem inneren oder äußeren Einwand begegnend: »Kann etwas größere Berechtigung haben als das Außerordentliche zu benutzen, um der Ordnung zu dienen?« Der Erfinder Leibniz selbst, in Hunderten von Entwürfen faßbar, hat oft schon durch die paradoxe Formulierung seiner Projekte das Contra des Wunderbaren prononciert, so am 24. Dezember 1678: »Navigare adverso flumine ipsa fluminis vi.« Von der Erzeugung des *motus perpetuus* ganz zu schweigen. (Vgl. E. Bodemann, Die Leibniz-Handschriften der Kgl. öff. Bibl. zu Hannover, Hannover 1895, 331-333) wenn seit jener Zeit die höhere Mechanik nichts frisches Bedeutenderes hervorgebracht hätte.« Kein Zweifel, daß Goethe die quasi-organische Hinfälligkeit der Mechanismen mit einiger Befriedigung genoß.

Es ist falsch zu glauben, daß von der berühmten künstlichen Ente des Vaucanson, die Goethe bei Beireis in Agonie besichtigte, irgendein direkter oder indirekter Weg zu den innengesteuerten Modellen der modernen Kybernetik, etwa zu Shannons heute ebenso berühmter Schildkröte, führt. Die Fruchtbarkeit des Naturgesetzbegriffs lag nicht in den vermeintlichen Wundern, die gegen die Verbindlichkeit der Natur demonstrierten. Der erste, der dies gesehen hat, war Galilei. Seine Physik war im Grunde schon das Ende der *magia naturalis*, die endgültige Einsicht, daß sich die Natur nicht überlisten läßt, daß sie ihre feste Rechnung präsentiert, in der jeder Gewinn an Kraft eine Einbuße an Zeit bedeutet. Die Einführung der Mathematik in die Mechanik war das Ende der politischen Metaphorik im Naturgesetzbegriff und der aus ihr folgenden Illusionen.

Als Galilei um 1593 seinen frühen Traktat »Über die Wirkungen der mechanischen Werkzeuge« schrieb, war er durchaus mit der antiken Abhandlung über die mechanischen Probleme vertraut, über die er noch 1597/98 in Padua Vorlesungen hielt. Aber er ging jetzt entschlossen von der entgegengesetzten Position aus: die Wirkungen der Technik können nicht *gegen* die Gesetze der Natur, sondern nur *nach* den Gesetzen der Natur erzielt werden. Er beruft sich auf die Erfahrung, aus der er zu der sicheren Überzeugung gekommen sei, daß die Natur durch die Kunst weder übertroffen noch betrogen werden könne.[7] Dennoch bedeutet dies nicht die Rückkehr zur Nachahmungstheorie der Technik, denn unter Gesetzen zu handeln ist etwas anderes als nach vorgestalteten Entwürfen zu handeln.

Seine schlagkräftigste Formulierung, wenn auch nicht seine beste Begründung, hat derselbe Gedanke ein Vierteljahrhundert später durch Francis Bacon gefunden: die Natur könne nur durch Unterwerfung beherrscht werden. Es [ist] die Formel des Kompromisses zwischen den beiden anfänglichen Tendenzen des Naturgesetzbegriffes, die lange Zeit plausibel erscheinen sollte, wahrscheinlich weil sie die Problematik des Begriffs eher versteckt als erkennen läßt.

Galilei hatte das Naturgesetz im Gegensatz zum politischen Gesetz als schlechthin unübertretbar erkannt. Die Maschinen und Vorrichtungen, die er im Arsenal von Venedig fand, stellten sich ihm als vereinfachte Modelle, nicht als Überbietungen der Natur dar. Das Naturgesetz erschien nicht mehr als ein der Natur auferlegtes Dekret des göttlichen Willens, sondern als die in der Natur der Dinge notwendig gegebene Bestimmung ihrer Abhängigkeiten. Das ist die allgemeine Definition des Gesetzes, die Montesquieu 1748 an den Anfang seines Werkes über den *Geist der Gesetze* stellt, in dem er nun umgekehrt das politische Gesetz aus der von Newton fortgeführten Bestimmung der Natur-

7 Intorno agli effetti degl'instrumenti meccanici (Opere, ed. naz. VIII 572): »E perchè io, già gran tempo fa, mi era formato un concetto, e per molte e molte esperienze confermatolo, che la natura non potesse esser superata e defraudata dall'arte, nel veder si fatta maraviglia restai ammirato e confuso: e non potendo quietar la mente nè deviarla dal meditare sopra questo caso, ho fatto un cumulo di vari pensieri ...«

gesetze abzuleiten sucht.[8] Aber dieser konsequente Gesetzesbegriff ist erst eine Errungenschaft des 18. Jahrhunderts, dessen Aufklärung mit ihm vor allem ihre Wunderkritik unterbaute.[9]

Galilei hielt das Naturgesetz noch für ein göttliches Dekret, aber sein Gott war nicht von der Art, daß er sich in seinem Werk selbst widersprechen konnte und die Erkenntnis der Natur dadurch unmöglich machen wollte. Theoretisch enthielt dieser Naturgesetzbegriff die Anweisung, daß Erkenntnis die einzige Voraussetzung zur Lösung der Probleme war, für die die Natur selbst die Lösungen dem Menschen nicht zur bloßen Nachahmung darbot. Aber nicht nur die Einsicht in das Naturgesetz ermöglichte die Technik, sondern die Berufung auf das Naturgesetz legitimierte ihre Leistungen. Die Vorstellung des Naturgesetzes war von ihrem Ursprung her als eine Schranke des menschlichen demiurgischen Handelns gedacht; sie wurde nun zu seiner Ermächtigung, denn das Naturgesetz erwies sich als der Inbegriff derjenigen Erkenntnisse, die es dem Menschen gestatteten, *auch* das und *gerade* das zu bewirken, was die Natur in ihrem vorgefundenen Bestand selbst nicht leistete und bereitstellte. Dadurch, daß die Naturgesetze zunächst nicht als Beschreibungen der Prozesse in ihrer Re-

8 L'esprit des lois I 1: »Les lois dans la signification la plus étendue sont les rapports nécessaires qui dérivent de la nature des choses.«

9 Voltaire, Art. Miracle in: Dictionnaire Philosophique, éd. Naves, 314f.: »un miracle est une contradiction dans les termes ...« In Gott sind Gesetz und Gnade eins: »ses faveurs sont dans les lois mêmes ...« Cf. Art. Grace, aaO 227: der Mensch kann nicht eine Ausnahme vor den Gesetzen für sich postulieren, während Gott den Gestirnen keine Ausnahme einräumt.

gelmäßigkeit angesehen wurden, sondern als über den Prozessen stehende Normen, führte ihr Begriff dazu, eine zwar anders*gestaltige*, aber doch strukturell gleich*artige* Wirklichkeit als möglich zu denken. Erst in der genetischen Betrachtung aller Naturformen sollte diese Auffassung ihre volle Bestätigung erhalten, weil sich nun das Sichtbare als das momentane Resultat der gesetzlich determinierten Prozesse erwies.

Die enge Verbindung der Ursprünge der neuzeitlichen Technik mit dem Gedanken des Naturgesetzes verrät das Rechtfertigungsbedürfnis, das immer wieder aus der alten Antithese von Natürlichkeit und Künstlichkeit neue Antriebe bekommt. Gelingen oder Mißlingen der Legitimation der Technik ist für die Artikulation des modernen Bewußtseins eine entscheidende Alternative. Niemand wird behaupten wollen und können, daß die Jahrhunderte der sich rasch steigernden Technisierung unserer Umwelt genügt hätten, um ein gleichsam normales und selbstverständliches Verhältnis des modernen Menschen zur technischen Sphäre zu stabilisieren. Der technische Fortschritt selbst scheint dies zu verhindern, indem er die jeweils erreichte Balance zwischen technischen Mitteln und menschlichen Verhaltensweisen überspielt und dabei die organischen Reaktionsweisen und Fertigkeiten, die sich eingestellt haben, in der Spanne jeder Generation überfordert. Diese in der Sache liegende Schwierigkeit sucht sich Ausdrucksmittel des Unbehagens, die zwischen den Extremen Optimismus und Pessimismus, Vergötzung und Dämonisierung liegen. Dabei stellt unsere europäische Tradition vorwiegend die Kategorien negativer Wertung zu Verfügung, weil sie eine

Tradition der Identifizierung von Natur und Realität ist. Aber gerade dieses Einspringen der Tradition für das moderne Unbehagen macht für eine Geistesgeschichte der Technik die Begründungsverhältnisse zweifelhaft und zweideutig: das Unbehagen, das in einer tradierten Formel seinen *Ausdruck* sucht, *muß* seinen *Ursprung* nicht aus der Tradition selbst genommen haben. Aber andererseits *kann* und *könnte* es so sein, und dem Geisteshistoriker der Technik eröffnet sich die Gefahr, defensive Argumentation und verschließende Motivation zu verwechseln oder zumindest nicht eindeutig differenzieren zu können. Jedenfalls stellt die philosophische Tradition dem Unbehagen an der Technisierung die plausibelsten Sprachmittel zur Verfügung; umgekehrt ermangelt der Versuch, die Technik im Bewußtsein zu beheimaten, Technikvertrauen zu stiften, das Postulat kritischer Verfügung über die Technik als Mittel durchzusetzen, der vertrauten und im Bildungsbesitz sanktionierten kategorialen Mittel. Die Sphäre der Technizität leidet unter Sprachnot, unter einem Kategoriendefekt. Man hat das auch so ausgedrückt, daß unsere Bildungsideale und Bildungsinhalte keine Hilfen für eine temperierte Einstellung zur Technik bieten. Greifbar ist das gerade bei denen, die von einem christlichen Standpunkt her Versöhnung mit dem technischen Geist suchen und sich dabei auf den biblischen Befehl zur Unterwerfung der Erde berufen. Aber dieser Befehl steht in der Nachbarschaft des dunklen Fluches, der die Unterwerfung der Erde mit Arbeit und Schweiß in ein Bedingungsverhältnis setzt und damit alles suspekt werden läßt, was darauf hinausläuft, zwischen Mensch und Erde ein Instrumentarium der Herrschaft einzuschalten, das seiner Zwecksetzung und seinem progressiven Effekt nach die Untertänigkeit der Erde gegenüber dem Menschen mit einem Minimum an Arbeit und Schweiß gewähren solle.

Wenn es richtig ist, daß wir heute in einer wissenschaftlich-technisch geprägten Welt mit einer weitgehend vorwissenschaftlich-vortechnischen Bewußtseinsverfassung leben, dann liegt dies nicht zuletzt daran, daß wir aus der Antithese von Natur und Technik noch nicht herausgekommen sind. Der Naturbegriff hat in unserer Tradition immer ein Moment der Sanktionierung der dem Menschen vorgegebenen Wirklichkeit bei sich gehabt. Das Natürliche wurde mit der Bedeutung des Naturgewollten verstanden. Auch der Liebhaber unserer humanistischen Tradition wird nicht übersehen können, daß gerade in ihr dieser Naturbegriff seine Wurzeln hat. Es ist immer noch etwas da, was jenem elementaren antiken Gedanken entspricht und mit ihm sympathisiert, der Aischylos und Herodot die Überbrükkung des Hellespont durch Xerxes als frevelhaft erscheinen ließ.[10] Der erste Reiseführer durch Griechenland, den im zweiten nachchristlichen Jahrhundert Pausanias verfaßte, enthält einen ganzen Katalog bedeutender Veränderungen der Landschaft durch den Menschen, die als Gewalttätigkeiten gegenüber dem Göttlichen bezeichnet werden.[11] Was wir heute Kulturkritik nennen, hat sich seit der Antike des

10 Aischylos, Perser 746ff.; Herodot VII 33-35. Vgl. Ariston von Keos, fr. 13 VII (ed. Wehrli, Schule des Aristoteles VI 36, 9-11).

11 Pausanias, Periegesis II 1, 5. Die mythische Wurzel dieses Postulats der intakten Natur war wohl von suspektem Rang: der Neid der Götter auf die Macht des Menschen. (Vgl. Burckhardt, Griech. Kulturgesch. III 2; Ges. WW VI 97ff.) Ob auch davon noch etwas in den modernen Bewußtseinsbestand hineinreicht?

Ideals der unverletzten Erde, der *inviolata terra*, bedient und es an der utopischen Vorstellung des Goldenen Zeitalters abgelesen, das seine Freiheit von Mühe und Sorge gerade durch die Unkenntnis aller Art von technischer Fertigkeit besessen haben sollte.[12] Erschien für diese negative Betrachtung des Fortschritts schon der Ackerbau als Bruch der Sanktion der Erde, so mußte erst recht der Bergbau zum Musterfall der Auseinandersetzung mit diesem mythischen Relikt werden.

Als um die Mitte des 16. Jahrhunderts Georg Agricola in seinem *Traktat über den Bergbau* sich diesem Argument gegenübersah, formulierte er es so: »Die Erde verbirgt nicht und entzieht auch nicht den Augen diejenigen Dinge, die dem Menschengeschlecht nützlich und nötig sind, sondern sie spendet wie eine wohltätige und gütige Mutter mit größter Freigebigkeit von sich aus und bringt Kräuter, Hülsenfrüchte, Feld- und Obstfrüchte vor Augen und ans Tageslicht. Dagegen hat sie die Dinge, die man ergraben muß, in die Tiefe gestoßen, und darum dürfen diese nicht herausgewühlt werden ...«[13] In der Typik der Probleme des Jahr-

12 Für andere stehe die aus Dikaiarch (fr. 49, ed. Wehrli aaO. I 24) überlieferte Formel: »... necesse est humanae vitae a summa memoria gradatim descendisse ad hanc aetatem ... et summum gradum fuisse naturalem, cum viverent homines ex his rebus, quae inviolata ultro ferret terra ...« Dazu das aus Porphyrios, De abstinentia IV 2 stammende Dikaiarch-Zitat (fr. 49 Wehrli), das die Urstufe ohne Ackerbau mit der müh- und sorglosen Muße verbindet.

13 Der das Aufsehen der Zeit erregende Brand des Zwickauer Kohlenflözes im Jahre 1505 hatte, wie man noch in Agricolas *Bermanus sive de re metallica* (dt. Übers. v. H. Wilsdorf, Ausgew. Werke II) 23 Jahre später spüren kann, die Frage nach der Rechtmäßigkeit des Zugriffs auf das Verborgene akut gemacht.

hunderts hat die Frage nach dem Recht des Menschen auf das Verborgene sowohl theoretische als auch praktisch-technische Bedeutung. Die Natur schien durch das, was sie unter der Erde und in der Ferne des Sternenhimmels, im zu Kleinen und im zu Großen, vor dem Blick und Zugriff des Menschen verbarg, immer weniger die wohltätige Hüterin ihrer Geheimnisse zu sein als die Herausforderung der menschlichen Neugierde und der menschlichen Arbeit, sich endlich das bis dahin Vorenthaltene zu eigen zu machen. Es erwies sich, daß nicht so sehr die Natur ihre Schätze verbarg, sondern daß der beruhigende Gedanke von der Zweckmäßigkeit der Natur den Menschen daran gehindert hatte, seine zufälligen Grenzen zu überschreiten und den Stolz auf seine Kraft zu erlernen. Schon im Jahre 1719 konnte die Akademie von Bordeaux die Preisaufgabe stellen, eine Geschichte der Erde und aller auf ihr eingetretenen Veränderungen einzureichen und dabei nicht nur Erdbeben und Flutkatastrophen zu behandeln, sondern auch die von Menschenhand geschaffenen Werke zu berücksichtigen, die der Erde ein neues Gesicht gegeben hätten. Die Erprobung der menschlichen Macht über die Natur fand philosophische Formeln, die bis dahin außerhalb des Aussprechbaren gelegen hätten. Campanella schreibt: »Um Gott nachzuahmen, begehrt der Mensch, alles zu können, alles zu wissen und alles zu wollen, und läßt keinen Widerstand zu. Auf der Höhe geistiger Klarheit ergreift er leicht jede Theorie der mechanischen Künste, um in keiner Sache unwissend zu bleiben.«[14] Durch Dekret vom 23. November 1679 verur-

14 Realis Philosophiae Epilogisticae partes quattuor. 1623, 357: »Ut autem Deum imitetur, omnia posse cupit, omnia scire, et omnia velle;

teilt das römische Sanctum Officium ausdrücklich den Satz, daß Gott den Menschen seine Allmacht zum Gebrauch überlassen habe, so wie jemand einem anderen ein Haus oder ein Buch zum Gebrauch überläßt.[15]

Der Konflikt um das Reservatsrecht der Natur ist noch nicht ausgestanden, er hat vielleicht seinen Höhepunkt noch vor sich. Er wird sich verschärfen, wenn es richtig ist, daß die gegenwärtige Biologie erst am Anfang einer Entwicklung steht, deren Konsequenz die zunehmende Verfügbarkeit auch organischer Strukturen bis in den Kern der Gensubstanz hinein sein könnte, so daß die Technisierung des Organischen erst ihren Anfang nimmt. An den Erscheinungen und Eigenschaften der organischen Sphäre ist aber der Naturbegriff unserer Tradition vor allem orientiert. Dabei wird man nicht verkennen dürfen, daß die Sorge vor dieser vielleicht erst entscheidenden Phase der Technisierung auch ihre sachliche Begründung hat – aber dann richtet sie sich eher auf die Frage, wer über solche neue Macht des Menschen verfügen wird und wie sie auf das Wohl des Menschen eingegrenzt werden kann, als auf die andere Frage, ob ein vermeintliches Recht der Natur auf Enthaltung des Menschen von letzten Eingriffen dadurch verletzt würde. Die Biologie hat erst seit kurzem ihren vorwiegend beschreibenden und klassifizierenden Charakter verloren und ist der Chemie und der Physik immer näher gerückt. Aber daß Physik und Chemie Naturwissenschaften sind, hat den

nihilque sibi adversari. Unde optimus serenitate ingenii, omnem artium mechanicarum facile addicit theoriam, ut nulla in re sit indoctus.«

15 Denzinger-Umberg, Enchiridion Symbolorum. ed. 23, Freiburg 1937, nr. 1217: »Deus donat nobis omipotentiam suam, ut ea utamur, sicut aliquis donat alteri villam vel librum.«

Sprachgebrauch bis zum heutigen Tage nicht verhindert, unter dem ›Natürlichen‹ das zu verstehen, was ohne Wissenschaft und Technik Werden und Bestand hat. Organische Grundvorstellungen haben als Metaphern in der Sprache der Staatstheorie und der Politik seit der Romantik eine gegen das rational-konstruktive Denken gerichtete Funktion angenommen, und auch aus dieser Sphäre hat sich die Antithese von Naturbestand und Menschenwerk neue Bestärkung geholt. Eine Geistesgeschichte der Technik wird gerade auch im Hinblick auf solche sprachlichen Festlegungen kritisch ins Bewußtsein bringen müssen, von welchen Voraussetzungen wir umstellt sind und was uns die Sicht auf die Sache selbst behindern könnte. Nicht nur in der Technik selbst, sondern auch in der Einstellung zu ihr ist der höchste Grad der Bewußtheit aller Bedingungen vonnöten. Lichtenberg hat sich einmal notiert: »Wir tun alle Augenblick etwas, das wir nicht wissen, die Fertigkeit wird immer größer, und endlich würde der Mensch alles, ohne es zu wissen tun, und im eigentlichen Verstande ein denkendes Tier werden ...«[16]

Ich komme zum dritten meiner Beispiele für die Schwierigkeiten einer Geistesgeschichte der Technik. Das historische Interesse an der Technik steht immer in Konkurrenz mit einem anderen Aspekt, den ich einmal als den anthropologischen bezeichnen will. Der Mensch ist, biologisch betrachtet, als ein mangelhaft ausgerüstetes und angepaßtes Wesen auf die Bühne der Welt getreten und hat von Anfang an Hilfsmittel, Werkzeuge und technische Verfahren zu sei-

16 Georg Christoph Lichtenberg, Vermischte Schriften. Göttingen 1800/06, I 158.

ner Selbstbehauptung und zur Sicherung seiner Bedürfnisse entwickeln müssen. Aber dieses Instrumentarium der Selbsterhaltung ist über lange Zeiträume und im Spielraum minimaler Varianten stabil geblieben, und es scheint, daß der Mensch seine Situation in der Welt über weite Strecken seiner Geschichte nicht als die des fundamentalen Mangels und der elementaren Bedürftigkeit gesehen hat. Das Bild, das er sich von sich selbst gemacht hat, ist eher bestimmt durch die Züge eines von der Natur wohlversorgten, aber in der Verteilung ihrer Güter versagenden Wesens; das Problem der Gerechtigkeit ist daher überwiegend als das der verteilenden Maßnahmen formuliert worden. Entsprechend ist unsere Tradition weithin beherrscht von der Vorstellung, daß die Natur ein um des Menschen willen und auf den Menschen hin eingerichtetes Ordnungsgefüge sei. Es läßt sich leicht sehen, daß im Rahmen dieser Vorstellung die technischen Fertigkeiten und Leistungen des Menschen immer nur eine ergänzende, der Natur nachhelfende, ihre Zweckmäßigkeit vollstreckende Funktion haben konnten. Die Preisgabe des Vertrauens in die dem Menschen freundliche Ordnungsstruktur der Welt durch die Idee einer nur ihren immanenten Gesetzen folgenden Natur mußte einen eminent pragmatischen Wandel im Weltverständnis und Weltverhältnis des Menschen bedeuten. Die eigenen Fähigkeiten der technischen Veränderung und gar Beherrschung der Realität mußten einen anderen Akzent bekommen.

Dieser Umschlag von dem, was man die ›Humanität‹ der Welt nennen könnte, in die dem Menschen gegenüber rücksichtslos erscheinende Welt ist an der Wende vom Mittelalter zur Neuzeit eingetreten. Das Mittelalter ging daran zu

Ende, daß es innerhalb seines geistigen Systems dem Menschen die Schöpfung als Vorsehung nicht mehr glaubhaft erhalten konnte. Die neuzeitliche Stufe der Geschichte der menschlichen Technizität kann daher nicht nur unter dem Gesichtspunkt der *quantitativen* Vermehrung technischer Leistungen und Hilfsmittel betrachtet werden. Vielmehr steht ein der entfremdeten Wirklichkeit bewußt begegnender Wille zur technischen Erzwingung einer neuen ›Humanität‹ der Wirklichkeit hinter dem sich beschleunigenden Anwachsen der technischen Sphäre. Der Mensch reflektiert auf den Mangel der Natur und die eigene Bedürftigkeit als die Antriebe seines gesamten Verhaltens.

Niemand hat diesen Gedanken des von der natürlichen Vorsorge verlassenen und sich selbst überantworteten Menschen deutlicher und härter ausgesprochen als Nietzsche. Aber nirgendwo wird auch die Doppeldeutigkeit dieses Zusammenhanges – und damit die Gefährdung des historischen Verstehens – greifbarer als bei ihm. Nietzsche spricht nicht etwa den Ideologieverdacht in bezug auf dieses Begründungsverhältnis von ordnungsloser Welt und menschlicher Weltmächtigkeit aus, aber er gebraucht selbst diesen Zusammenhang als Ideologie, indem er das, was ihm als geschichtliche Tendenz erscheint, zum Programm potenziert. Nietzsche sieht in dem Entschwinden und Fraglichwerden der geordneten und vertrauten Welt nicht die große Enttäuschung und Bedrängnis des Menschen, die ihn gegen seinen Willen dazu gezwungen hätte, auf theoretische und praktische Selbstbehauptung bedacht zu sein und sich in Wissenschaft und Technik das Instrumentarium der Herrschaft über eine fremde und ungefügige Wirklichkeit zu schaffen.

Für Nietzsche ist vielmehr die Zerstörung des beruhigten Weltvertrauens die Voraussetzung für die schöpferische Steigerung und Selbstentfaltung des Menschen. Jetzt erst sei er von der verhängnisvollen Lähmung seiner Aktivität befreit worden. Die Idee von Vorsehung und Zweckmäßigkeit der Natur sei, wie er schreibt, der »für Hand und Vernunft lähmendste Glaube, den es je gegeben hat«. Er habe zu einem »absurden Vertrauen zum Gang der Dinge« geführt. Erst die mechanistische Weltdeutung der beginnenden Naturwissenschaft habe den demiurgischen Willen des Menschen alarmiert und freigesetzt, habe ihm die Welt als Material zu seiner ›Weltkonstruktion‹ ausgeliefert. Hier geht es nicht mehr um die nackte Selbsterhaltung, um die Notwendigkeit der Selbstvorsorge des Menschen, sondern um die Selbststeigerung, um das, was Nietzsche die »höchste Evolution des Menschen als die höchste Evolution der Welt« nennt. Für den Menschen hat es keinen Sinn mehr zu fragen, was die Welt für ihn schon sei; es hängt von ihm ab, was sie für ihn werden kann.

Damit ist auch die Gleichgültigkeit des traditionellen Wahrheitsbegriffes, der die angemessene Erfassung der Realität bedeutete, für Nietzsche zu Ende geführt: »Der Philosoph sucht nicht die Wahrheit, sondern die Metamorphose der Welt in den Menschen.«

Nun könnte man denken, diese Formel träfe genau das Selbstverständnis eines seinen technischen Triumphen hingegebenen Jahrhunderts. Aber Nietzsche hat gerade diese Möglichkeit der Deutung seines Grundgedankens übergangen, und wohl deshalb übergangen, weil er Technik so verstand, wie diese sich selbst verstehen zu müssen glaubte, nämlich als angewandte Naturwissenschaft, als Gehorsam gegenüber den Naturgesetzen und damit als Derivat jener Wahrheitsidee, die Nietzsche als den Rest aller Weltverbindlichkeit gerade aufheben wollte. Für ihn trat an die Stelle der Wahrheit ebenso wie der Technik die Kunst, die die Wahrhaftigkeit des Menschen »in einer lügenhaften Natur« darzustellen habe. Noch hatte die Technik sich nicht als neue Wirklichkeit dargestellt, geschweige denn selbst verstanden, ja noch scheute sie davor zurück, den vertrauten rechtfertigenden Gedanken, alles Technische sei Nachahmung des Natürlichen, aufzugeben. Paradigmatischen Rang für ein neues Selbstbewußtsein konnte deshalb für Nietzsche nur die Kunst haben, und für sie galt sein trotziges Wort: »Nicht im Erkennen, im Schaffen liegt unser Heil! ... Geht uns das Weltall nichts an, so wollen wir das Recht haben, es zu verachten.«[17] Wo die Instrumentalisierung der Idee ihre eigene List feiert, ist der Ideologieverdacht Gewißheit geworden. Die Idee wird hervorgebracht, um den Menschen zu zwingen, die Welt nicht auf sich beruhen zu lassen und dadurch mehr zu werden, als er jemals gewesen ist. Am deutlichsten wird das erst bei dem Gedanken der ewigen Wiederkehr des Gleichen, die dem späten Nietzsche als das Selektionsmittel des Übermenschen erscheint: »Ich mache die große Probe: wer hält den Gedanken der ewigen Wiederkunft aus? – Wer zu vernichten ist mit dem Satze ›es gibt keine Erlösung‹, der soll aussterben ...«[18] Der philosophi-

17 Die Nietzsche-Zitate aus »Der letzte Philosoph« (1872/75), Musarion-Ausg. der Werke VI 16, 18, 31, 35, 50, 58.

18 Entwürfe und Gedanken zu den unausgeführten Teilen des *Zarathustra*, Musarion-Ausg. XIV 187.

sche Gedanke hat hier einerseits das Moment einer charakteristischen Verspätung gegenüber der realen Entwicklung, indem er mit systematischer Zuspitzung formuliert, was die Wirklichkeit zur Herausforderung des Menschen gemacht hat, andererseits hat er die Funktion der Verstärkung, der Beschleunigung und Übersteigerung eines Prozesses, der längst in Gang ist. Was selbst die Konsequenz der geschichtlichen Entwicklung ist, will wiederum zu ihrem Motor werden. Die Doppeldeutigkeit von Selbstbehauptung und Selbststeigerung in den Motiven der neuzeitlichen Technisierung soll in eine funktionale Abhängigkeit transponiert werden: die Zerstörung des auf den Menschen bezogenen Ordnungs- und Vorsorgewertes der Welt erscheint als der erste, sich selbst noch nicht durchsichtige Zug einer geschichtlich weiträumigen Revolte. Eine Teleologie der Geschichte tritt anstelle der Teleologie der Natur. Aber der historische Befund verweigert den Dienst, zum Vorspiel für die Heraufkunft des Übermenschen gemacht zu werden. Die Situation, in der der Mensch die Wirklichkeit als Unordnung und Mangel versteht, muß als Bedrängnis und Nötigung zur Selbstbehauptung ernst genommen werden. Auf den Voraussetzungen dieser Situation beruht die gesamte philosophische Staatstheorie der Neuzeit, beruhen fast alle Theorien des menschlichen Wirtschaftslebens und nicht zuletzt die Theorien der Theorie selbst, also der Notwendigkeit der Erkenntnis als der menschlichen Ordnungsleistung gegenüber der sich selbst nicht mehr als Ordnung darbietenden Wirklichkeit. Wie man die Frage nach der Priorität von Idee oder Zustand hier beantwortet, hängt davon ab, ob es die gleichsam reine, ungedeutete Erfahrung von Zuständen überhaupt gibt. Die Menschheit hat zu allen Zeiten die Not einer bedrängenden Natur und den Mangel gekannt, aber die Verallgemeinerung solcher Erfahrungen als Bewertung der Gesamtwirklichkeit hat zusätzliche Voraussetzungen, die mit jenen Erfahrungen nicht schon selbst gegeben sind.

Auch das möchte ich erläutern. Als der junge Augustin sich von der manichäischen Gnosis löste, die die Übel der Welt einem absoluten Urprinzip des Bösen zugeschrieben hatte, mußte er eine neue Lösung des Problems dieser Übel in der Welt finden, die seinen Gott als das Prinzip des Guten von jeder Verantwortung für die Verschlechterung der Welt entlastete. Theodizee, Rechtfertigung Gottes, hieß, daß die Übel in der Welt das genaue und gerechte Äquivalent für die Bosheit des Menschen selbst waren.[19] In diesem Denkmodell ist der Mensch als technisches Wesen gerade dadurch neutralisiert, daß er seine Betroffenheit durch die Realität schon sich selbst zuzuschreiben hat und als universale Gerechtigkeit verstehen muß, die mit eigener Kraft abzufangen sowohl hoffnungslos als verwerflich erscheint. Die Welt ohne den Menschen, ohne das Ausmaß seiner Sündigkeit, wäre nach Augustin gut und vollkommen. Das ist die genaue Antithese zu jener berühmten Feststellung Kants im § 86 der *Kritik der Urteilskraft*, daß »ohne den Menschen

19 Nach *De libero arbitrio* (I 1; II 3), wo diese Theodizee entwickelt ist, die Formel in den *Confessiones* X 4,5: »bona mea instituta tua sunt et dona tua: mala mea delicta mea sunt et iudicia tua …« Zugleich schließt diese Vorstellung in ihrer antignostischen Intention jede *Dämonisierung* einer Sachsphäre, auch einer nicht *natürlichen*, aus: »Verissimum est, non res ipsas, sed homines qui eis male utuntur esse culpandos.« (*De libero arbitrio* I 33)

die ganze Schöpfung eine bloße Wüste« wäre. Wenn die Unwirtlichkeit der Welt nicht den Charakter der Gerechtigkeit gegenüber dem Menschen hat, sondern ein rational nicht aufschließbares Faktum ist, ist der Mensch nicht nur provoziert, sondern auch legitimiert, die vorgefundene Wirklichkeit zu verändern.

Wie die Ordnungsschwäche der Welt, ihr prinzipieller Mangel gegenüber den Bedürfnissen des Menschen, wahrgenommen und gedeutet wird, ist also nicht bloß auf die Feststellung bestimmter physischer, ökonomischer und sozialer Zustände zurückzuführen, sondern eine Sache der mit diesen Erfahrungen sich verbindenden Antizipationen. Der Verdacht, die Erschließung dessen, was Erfahrung bedeuten kann, geht dem empirischen Befund voraus und verändert ihn.

Besonders deutlich tritt das zutage bei einem Motiv der neuzeitlichen Geistesgeschichte, das bis dahin unbekannt war: der Vorstellung von der Übervölkerung, dem Wachstum der Menschenzahl über den als konstant gedachten natürlichen Wohn- und Nahrungsraum hinaus. Noch bevor die Bevölkerungszahlen tatsächlich beängstigend anspringen, wird die Furcht vor dem Bevölkerungswachstum akut und die Erörterung seiner Probleme zu einem zwingenden Thema. In der Utopie des Thomas Morus von 1516 hat das Problem noch regionalen Charakter; es wird die Möglichkeit der Übervölkerung jener utopischen Insel erwogen, aber sogleich auf den Ausweg der Kolonisation des benachbarten Festlandes verwiesen. In den Essays von Francis Bacon, die 1597 zuerst erschienen, ist anstelle der natürlichen Symmetrie von Bedürfnissen und Gütern die politische Regulation innerhalb des Staatswesens getreten, dessen ökonomische und rechtliche Instrumente das Bevölkerungswachstum in den Grenzen halten, die die Gefährdung der politischen Stabilität ausschließen.[20] Die ethische Gerechtigkeit der Verteilung der Güter ist durch den politischen Kalkül ersetzt. 1642 führt Hobbes den Gedanken der Übervölkerung an einer bezeichnenden Stelle als letzte Verunsicherung des Vertrauens auf die künftige Wirkung der Moralphilosophie in seine Überlegungen ein: in der Widmungsvorrede zu seinem Werk *Über den Bürger* sagt er, daß es keine Kriege mehr geben werde, wenn die Moralphilosophen die Frage nach den Gründen des menschlichen Handelns einmal geklärt hätten – freilich mit der einen Ausnahme derjenigen Kriege, die beim Anwachsen der Zahl der Menschen um den Lebensraum geführt werden müßten (»nisi de loco, crescente scilicet hominum multitudine«). Eine der gelehrten Kontroversen, in deren Rahmen solche Probleme sich zu entwickeln pflegten, war der Streit um die Relation der Bevölkerungszahl zwischen antiker und moderner Welt. Montesquieu glaubte an die Abnahme der Gesamtbevölkerung seit der frühen Antike.[21] Die Begründung der Statistik durch William Petty vollzog sich im Zusammenhang dieser Streitfrage.[22] Die Kontroverse erreichte um die Mitte des 18. Jahrhunderts ihren Höhepunkt mit den

20 Essays XV *Of seditions and troubles*: »Generally, it is to be foreseen that the population of a kingdom (especially if it be not mown down by wars) do not exceed the stock of the kingdom which should maintain them.«

21 De l'esprit des lois XXIII 19.

22 Essay concerning the multiplication of mankind, 1686. Postum erschien 1691 seine *Political Arithmetia*.

Traktaten, die Hume und Wallace zum Thema veröffentlichten.[23] Humes ausführlich belegte Skepsis gegen die Annahme höherer Bevölkerungszahlen in der Antike war ein wichtiges Argument für die Theorie der drohenden Übervölkerung. In Deutschland fügte der Aufklärer Hermann Samuel Reimarus ein unerwartetes Argument zugunsten des Wachstumsgesetzes der Erdbevölkerung hinzu: nur unter dieser Voraussetzung ließe sich der zeitliche Anfang der menschlichen Gattung in einem einzigen Menschenpaar mathematisch beweisen.[24] Aber was in dieser Weise für die

23 David Hume, Essays, Moral, Political, and Literary. Part II. 1752. XI. Of the Populousness of Ancient Nations. – Dr. Wallace, A Dissertation on the Numbers of Mankind in ancient and modern times: in which the superior Populousness of Antiquity is maintained. 1753. Hume nennt diese Frage »the most curious and important of all questions of erudition« (The Philosophical Works, edd. Green, Grose, London 1882, III 58). Das Interesse der Theologie an der beruhigenden Versicherung einer teleologischen Zuordnung von Natur und Menschheit kam in Deutschland mit einem Traktat von J. P. Süßmilch zur Geltung: Über die göttliche Ordnung in den Veränderungen des menschlichen Geschlechts. Berlin 1742.

24 H. S. Reimarus, Abhandlungen von den vornehmlichen Wahrheiten der natürlichen Religion. Hamburg 1754 (nach der 6. Aufl. 1791), I 13: »Und diese Betrachtung führt uns notwendig dahin, daß wir das menschliche Geschlecht endlich auf die allergeringste Zahl und auf seinen ersten Ursprung und Anfang bringen müssen. Denn es ist daher nicht möglich, daß es ewig sei, weil sonst schon von undenklichen Zeiten wenigstens ebenso viel Menschen hätten sein müssen, als jetzo sind ...« Reimarus berichtet über die Kontroverse zwischen Hume und Wallace und findet sein Interesse mit dem des Skeptikers übereinstimmend: »Er streitet für die Menge in neuern Zeiten, und macht viele Zeugnisse der alten Geschichtsschreiber von einer damaligen ungeheuren Anzahl Menschen, nicht ohne Wahrscheinlichkeit, verdächtig und lächerlich.« Aber auch Wallace findet Achtung für seine Gelehrsamkeit und seine politischen Betrachtungen: »Vielleicht erhält man durch Vergleichung beider Schriftsteller, deren je-

Bestärkung der natürlichen Religion tröstlich sein mochte, hatte doch den Nebeneffekt, eine für die Zukunft beängstigende Gesetzlichkeit ahnen zu lassen: »Die Vermehrung desselben (sc. des Menschengeschlechts) ist in seiner Natur gegründet, und geht über das Ganze; die Verminderung an einem und dem andern Orte ist zufällig ...« Dieser Gedanke von der autonomen Gesetzmäßigkeit des Bevölkerungswachstums hat in dem *Essai on the Principle of Population* von Malthus aus dem Jahre 1798 seine für das 19. Jahrhundert so folgenreiche Darstellung gefunden. Die Abhandlung über das Bevölkerungsgesetz hat wie kein anderes Werk den Prozeß der Technisierung in der Gestalt der Industrialisierung als Selbstbehauptung des Menschen plausibel gemacht. Selbst die Erfindung des künstlichen Düngers – bis zum heutigen Tage ein Ärgernis gegen die Natürlichkeit – fand hier ihren Rückhalt. Der konstitutive Mangel in der Welt war über den Verdacht hinaus und unabhängig von der Frage faktisch-gegenwärtiger Zustände zum Naturgesetz erhoben. Während es aber die Absicht von Malthus und seinen Anhängern war, zügelnden Einfluß auf die Bevölkerungsentwicklung selbst zu nehmen und die alte Idee des menschlichen Rechtsanspruches auf Daseinsmittel zugunsten des harten Regulativs der Not aufzuheben, war die tatsächliche Wirkung des Bevölkerungsgesetzes, daß auf der anderen Seite des Problems, bei der Vermehrung der Lebensmöglichkeiten, angesetzt wurde. Der technische Fortschritt erwies, daß der Lebensspielraum keine natürliche Konstante war. Dazu hat vor allem die

der nur seine Welt zu bevölkern bemühet ist, nähere Einsicht von der Wahrheit.«

Wirkung des Bevölkerungsgesetzes auf Darwin beigetragen: bei ihm führt der Überdruck und Kampf ums Dasein innerhalb einer biologischen Population zur Fortentwicklung der organischen Ausstattung der Lebewesen – und dies wurde das Modell, an dem der technische Fortschritt eine neue Art natürlicher Legitimation gewann.

In einer Tagebuchnotiz von 1844 hat Grillparzer den Zusammenhang von Übervölkerung und theoretisch-technischem Fortschritt bündig formuliert: »Der Charakter der neuen Zeit ist der Geist der Untersuchung. Teils die vorgeschrittene Naturwissenschaft, teils das durch Übervölkerung gesteigerte materielle Bedürfnis treibt unabweislich zur Analyse, um durch Kenntnis der Gründe und Bestandteile hier zu neuen Entdeckungen, dort zu neuen Erfindungen und Befriedigungsmitteln fortzuschreiten.«[25]

Was das Beispiel des Bevölkerungsgesetzes im Zusammenhang der Probleme einer Geistesgeschichte der Technik bedeutet, läßt sich auf die Frage reduzieren, ob der Gedanke und die gesetzliche Formulierung des drohenden Bevölkerungswachstums der Beschleunigung des Technisierungs-

25 Sämtliche Werke, ed. Frank, Pörnbacher, III 1141. Heute scheint sich die Betrachtungsweise umzukehren: der technische Fortschritt übt denjenigen ›Druck‹ aus, der die Bevölkerungsentwicklung in den hochtechnisierten Ländern antreibt, und zwar als Abwehrmechanismus gegen den Schwund der Nötigung zur Arbeit. Dennis Gabor (Zivilisation und Erfindung, in: Merkur XV, 1961, 214f.) vergleicht die Gesetze von Malthus (Bevölkerungsvermehrung) und von Parkinson (Arbeitsvermehrung): »Arbeit nimmt automatisch ein solches Ausmaß an, daß sie die verfügbare Zeit ausfüllt.« »Ich glaube nicht, daß in hochzivilisierten Ländern die Bevölkerung bis zur Hungergrenze anwachsen muß, aber sie scheint mir die Tendenz zu haben, anzuwachsen bis auf ein Maß, das ausreicht, den Albtraum des Müßigganges für jedermann zu bannen.«

prozesses die Antriebe und Voraussetzungen gegeben haben oder ob es der Zustand des Bevölkerungsdruckes selbst war, der sich seine technisch-industriellen Regulative erzwang. Man wird das nicht pauschal beantworten können und methodisch sehr differenziert angehen müssen. Um auf das Beispiel der Theorie der künstlichen Düngung zurückzukommen, die Justus Liebig 1840 mit seiner Agrikulturchemie begründete, so läßt sich zeigen, daß die Anwendung des theoretischen Standes der Chemie gerade auf dieses Problem nur unter dem Eindruck der vorgreifenden Sorge um das Bevölkerungswachstum verständlich wird.

Ich möchte nun aus dem, was ich mit Hilfe meiner drei Beispiele zu illustrieren versucht habe, ein Fazit ziehen. Die ideologischen Grundpositionen der historischen Einstellung und Methodik, die sich heute weitgehend mit bestimmten weltanschaulichen und politischen Systemen verbinden lassen, erweisen sich als methodische Alternative, deren Entscheidung nicht mit dogmatischer Grundsätzlichkeit, sondern von Fall zu Fall am historischen Material selbst vollzogen werden muß. Der historische Gegenstand läßt eine eindeutige Zuordnung geistiger Faktoren und materieller Zustände – etwa nach dem Schema von Unterbau und Überbau, von Grund und Folge, von Entwurf und Realisation – nicht zu. Der Versuch, an eine ›Geistesgeschichte der Technik‹ heranzugehen, zeigt das viel deutlicher als jene Aufgabenstellungen, die im erprobten Sinne als ›Geschichte der Technik‹ gelten und sich auf den Erscheinungszusammenhang technischer Phänomene selbst beziehen oder die Auswirkungen technischer Errungenschaften auf wirtschaftliche, soziale, politische, militärische und ästhetische Wirklichkeiten analysieren. Hier bleibt der Historiker dem chronistischen Modell der Geschichtsschreibung näher und erspart sich die methodischen Skrupel und Schwierigkeiten hinsichtlich der Möglichkeit seines Unterfangens. Der Pluralismus der Modelle, mit dem eine Geistesgeschichte der Technik arbeiten muß, wirkt auf den ersten Blick enttäuschend und erweckt den Anschein eines historischen Skeptizismus. Aber die Forderung, die Wege der Deutung von Zusammenhängen zwischen Geistesgeschichte und Technikgeschichte offenzuhalten und sich nicht im Vorgriff für ein bestimmtes Zuordnungsmodell zu entscheiden, soll gerade verhindern, daß ideologische Determinationen in die historische Einstellung aufgenommen werden. Vielleicht gibt es unentscheidbare Fragen – aber selbst diese Einsicht wäre einer dogmatischen Festlegung vorzuziehen, die *entweder* von der Wertung ausgeht und diese verfestigt, daß Technik nur und immer ein sekundäres und von ideellen Grundentscheidungen abhängiges Phänomen sein könne, *oder* sich auf das Dogma festlegt, daß die größere Nähe technischer Phänomene zu den materiellen, sozialen und ökonomischen Strukturen die beziehbaren geistesgeschichtlichen Dokumente in die bloße Funktion der überbauenden Rechtfertigung und nachträglichen Aneignung verweise. Daß es auch in dieser Forschungsrichtung schließlich entscheidbare Fragestellungen gibt, habe ich zu zeigen versucht.

Vielleicht ein Grenzfall an Schlüssigkeit, den ich nach so vielen aufgeführten Schwierigkeiten doch noch als beruhigenden Ausklang anführen möchte, ist das Auftreten der Idee und der ersten Realisierungen der Rechenmaschine durch Pascal und Leibniz.[26] Die zunächst paradox erscheinende Tatsache, daß ausgerechnet die Philosophen unter den Mathematikern – und nicht die Techniker unter diesen – sich um die Konstruktion der ersten Rechenmaschinen bemüht haben, wird plausibel, wenn man die neue Auffassung der Philosophie von dem automatisch funktionierenden logisch-operativen Charakter des menschlichen Denkens als die Voraussetzung begreift, die im Gedanken der Rechenmaschine ihre gleichsam handgreifliche Demonstration erhielt. Es war also nicht primär der Nutzeffekt, die Rechenoperationen mechanisch zu erleichtern, sondern die Absicht, das Modell für die Erklärung dieser geistigen Operationen zu liefern, was den Konstruktionswillen auf die Bahn brachte. Ich möchte dazu eine Stelle aus der Biographie anführen, die die Schwester Pascals, Gilberte Périer, über ihren Bruder geschrieben hat. Sie berichtet hier über die Erfindung des Neunzehnjährigen folgendes: »Mit dieser arithmetischen Maschine lassen sich nicht nur alle Arten von Rechnungen ohne Feder und Rechenmarken durchführen, sondern sogar, ohne irgendeine Regel der Arithmetik zu kennen, und zwar mit einer unfehlbaren Sicherheit. Dieses Werk ist als eine in der Natur neuartige Sache angesehen worden, da es eine Wissenschaft, die ganz allein dem Geist innewohnt, auf einen Mechanismus übertrug und dadurch ein Instrument ergab, das alle Operationen mit völliger

26 Vgl. J. O. Fleckenstein, Die Einheit von Technik, Forschung und Philosophie im Wissenschaftsideal des Barock. In: Technikgeschichte 32, 1965, 19-30, insbes. 28.

Sicherheit durchzuführen vermag, ohne der vernünftigen Überlegung zu bedürfen.«[27]

Die nachgewiesene Übersetzbarkeit der Theorie in den Mechanismus reflektiert sich in einem neuen Begriff von der Würde des menschlichen Geistes. Der Automat übernimmt diejenigen Leistungen, die nicht der höchsten Qualität des Originären bedürfen, wie sie die Erfindung selbst darstellt. Technisierung erweist sich paradigmatisch als der Prozeß, in dem sich der Mensch von den Verrichtungen entlastet, die seine Anstrengung nur ein einziges Mal erfordern.

27 Vie de Blaise Pascal, ed. E. Havet, Paris 1897, 43: »... cette machine d'arithmétique par laquelle on fait non seulement toutes sortes de supputations sans plume et sans jetons, mais on les fait même sans savoir aucune règle d'arithmétique, et avec une sûreté infaillible. Cet ouvrage a été considéré comme une chose nouvelle dans la nature, d'avoir réduit en machine une science qui réside toute entière dans l'esprit, et d'avoir trouvé le moyen d'en faire toutes les opérations avec un entière certitude, sans avoir besoin de raisonnement.«

II Methodologische Probleme einer Geistesgeschichte der Technik

Der Ausdruck »Geistesgeschichte« hat keinen guten Klang mehr. Nicht, daß der Geist Geschichte hat, erregte Anstoß – wer wollte sie ihm bestreiten? –, aber daß er seine Geschichte ganz aus sich selbst haben und daß diese Geschichte nicht nur die seine, sondern die von schlechthin allem anderen sein sollte, hat für unser Geschichtsbewußtsein an Glaubwürdigkeit verloren. Mit dem Thema »Geistesgeschichte« verbindet sich ein wohl unaustilgbarer Rest jener Vorstellung, daß die Geschichte im Grunde ein *Gedankenspiel* sei – ob ein Gedankenspiel Gottes oder des Weltgeistes oder der jeweils neue Gründe stiftenden großen Denker – das ist dabei gleichgültig. Was Hegel in den *Vorlesungen zur Philosophie der Geschichte* programmatisch ausgesprochen hat, scheint sich unversehens in jede geistesgeschichtliche Bemühung einzuschleichen; ich zitiere: »Es muß endlich an der Zeit seyn, auch diese reiche Production der schöpferischen Vernunft zu begreifen, welche die Weltgeschichte ist. Zuerst müssen wir beachten, daß unser Gegenstand, die Weltgeschichte, auf dem geistigen Boden vorgeht ...«

Die Geschichte der Technik hat es mit handfesten Realitäten zu tun. So scheint es wenigstens, wenn wir unsere technische Umwelt flüchtig vergegenwärtigen. So etwas wie »Geistesgeschichte« wäre hier allenfalls ein Ornament:

etwa »Der Dichter und die Lokomotive«. Und wenn wir die konstruktive Rationalität, die in der Welt dieser handfesten Realitäten steckt, zum Thema einer Geistesgeschichte machten – was bekämen wir anderes als den klassischen Typus einer Geschichte der Erfindungen und der Erfinder, der Konstruktionen und der Konstrukteure? Hier stellen sich Probleme und werden gelöst, und die Lösungen stellen die neuen Probleme. Selbst wenn man sich mit einem Handstreich hilft und sagt: ebendies sei die Art von »Production der schöpferischen Vernunft«, die Hegel gemeint hätte, wenn sie ihm in der uns vertrauten Mächtigkeit manifest gewesen wäre, selbst dann wäre eine solche Geistesgeschichte der Technik als des Inbegriffs der *Veränderungen* ihrer konstruktiven Potenz nichts anderes als die Geschichte der Technik in ihrer schon traditionellen Gestalt. Ein neuer Name, das wäre zu wenig.

Wenn der *in* den Phänomenen der Technik realisierte Geist schon Thema der Technikgeschichte seit eh und je ist, dann scheint für eine Geistesgeschichte der Technik nur der Geist *vor* und *nach* dem technischen Phänomen selbst übrigzubleiben, der Geist als *Motivation* und der Geist als *Justifikation*, das Reich der Antriebe und das der Wertungen, der Vorwegnahmen und der Ausstrahlungen.

Dabei gehört es zu den klassischen Vorurteilen dessen, was »Geistesgeschichte« *zuerst* zur Würde und *dann* in Verruf gebracht hat, daß die Erörterung des Verhältnisses von *Idee und Realität* mit einseitiger Insistenz auf die Frage nach der *Initiation* abgestellt worden ist. Die Frage nach dem, was den *Anfang* gemacht hat, steht über der Tradition unseres Nachdenkens. Sie fand ihre theologische Verstärkung in dem noch uns eher als selbstverständlich denn als faktisch erscheinenden Interesse an der *creatio ex nihilo*, der Schöpfung aus dem Nichts, von der Feuerbach gesagt hat, die Philosophen hätten daraus den »absoluten Geist gemacht«.

Die Gegenthese zu diesem Absolutismus des Geistes konnte nur sein, ihm die essentielle *Verspätung*, die Rolle des Epiphänomens, die Abhängigkeit von dem im Stoff der Prozesse je schon immer Geschehenen zuzuschreiben. Aber noch die Antithese lebt vom Schema der These, vom vermeintlichen Vorrang dessen, was *vorher* war und anderem *zugrunde* liegen mag. Ursprung und Verspätung wären die möglichen Rollen des Geistes in der Geschichte, und was einer Geistesgeschichte der Technik zu erzählen bliebe, wäre damit in vollständiger Disjunktion gegeben – wenn in dieser Alternative nicht schon ein *Vorurteil* steckt, eines jener Vorurteile, deren Abbau sich die Philosophie der Neuzeit in immer neuen Anläufen und immer neuen Vergeblichkeiten zum Programm gemacht hat. Wenn die Philosophie nicht mehr selbstverständlich nach dem *Anfang fragen* sollte und nach dem, was jeweils *vorher* war, müßte sie um so intensiver und unbefangener selbst der wiederzugewinnende *Anfang* des Fragens *sein*, der sich die Spielregeln und Alternativen *nicht* vorgeben läßt. Das hieße hier, darauf zu bestehen, daß der Anfang und das *Vorher* nicht selbstverständlich das je *einzig* oder auch nur *vorwiegend* Fragwürdige ist.

Dann mag sich ergeben, daß die Vieldeutigkeit des Verhältnisses von Idee und Realität mit dem klassischen Dualismus nicht ausgeschöpft ist. Der Geist als die ursprüngliche *Wirkkraft* aller geschichtlichen Prozesse *oder* als der *Nachlieferant* der Theorien zu den eh und je schon eingetretenen Verhältnissen – wir sollten uns gar nicht erst darauf einlassen, eine Frage zu beantworten, die so tut, als enthalte sie die möglichen Positionen vollständig. Methodisch viel aussichtsreicher, als die Gigantomachie der Idealisten und Materialisten entscheiden zu wollen, ist die Beachtung des schlichteren Sachverhalts, daß *Prozesse* der Beschleunigung und Verlangsamung unterliegen können, daß sie erlitten oder ergriffen werden können, daß sie Aneignung und Entfremdung zum Korrelat haben können. Jedenfalls im Modell ist dies denkbar: daß die Geschichte *der* Fakten und *als* Sequenz von Fakten von der reflektierenden Bildung von Ideen nicht nur im zeitlichen Sinne ›*begleitet*‹ wird, sondern daß ein System der gegenseitig gerichteten Wirkungen zwischen Idee und Realität besteht. Es gilt zu sehen, wie offen die Fragen sind, die sich hier stellen, und damit auch, was von der methodischen Einstellung zu verlangen ist, die sich jenseits oder diesseits der präjudiziellen Alternativen frei hält für das, was erschließbar sein könnte.

Wenn man sich in einer grob vereinfachten Geschichte der Historiographie den Typus der frühen Geschichtsdarstellung als den der *Chronik* vergegenwärtigt, so hat man ein *diskretes* Schema vor sich, in dem Daten und Fakten nach dem Ordnungsprinzip der Zeit in Gruppierungen auftreten. Noch *die* Form, in der uns auf der Schule Geschichte zuerst begegnet und zumeist ärgerlich geworden ist, war im Grunde die der Chronik. *Form* und Ordnungsprinzip bestimmen, was *Inhalt* werden kann: historische Relevanz verleiht vorzugsweise das Merkmal der *Datierbarkeit* von

Handlungen mittels bestimmter Handlungs*produkte*, seien dies Verträge oder Schlachten, Regierungsantritte oder Gesetzeswerke, Gewinn oder Verlust fester Punkte und Grenzen, Tyrannenstürze oder dynastische Erbfälle.

Erst unter dem Anspruch der *Einheit* der Geschichte mußte zwischen den historischen Molekülen *Kontinuität* gestiftet werden, obwohl das historische Material auch im günstigsten Fall zu solcher Kontinuität nicht disponiert ist. Daten und Fakten sind immer membra disiecta. Aber wenn man Fakten als *Produkte von Handlungen* begreift, dann kann man wiederum diesen Handlungen *Motivationen* verschiedenster Art zuordnen, z. B. als Psychologie der Akteure. Aber »der Geist« tritt in der Geschichte nicht als psychologische Motivierung auf, sondern in der Gestalt dessen, was man unter dem Titel *Handlungstheorien* zusammenfassen könnte – Theorien also, die dazu bestimmt sind, Handlungen auszulösen, zu beeinflussen oder auch zu blokkieren. Dabei gewähren solche Handlungstheorien den Vorteil, daß sie in Büchern, Reden, Proklamationen und Manifesten greifbar sind und als solche wiederum auf bestimmte Daten ihrer Erscheinung und ersten Verlautbarung festgelegt werden können. Die Datierbarkeit des Geistes war einer seiner methodischen Vorzüge.

Solange *Zustände* die *Epi*phänomene von Ereignissen, vorzüglich Handlungen, sind, fügen sie sich dem durch neue Elemente angereicherten Schema des historischen Kontextes ein. Aber der Zusammenhang von *Ereignissen* und *Zuständen* erwies sich als umkehrbar. Für Zustände empfahl sich schon methodisch die Annahme einer *quantitativen* Bestimmbarkeit. Der Vorzug, den allgemein-materielle, wirtschafts- und sozialgeschichtliche Zuständlichkeiten gegenwärtig genießen, ist *nicht nur Reaktion* auf eine idealistische oder personalistische Geschichtsauffassung, sondern auch eine *methodische Prävalenz* der Objektivierbarkeit.

Für die Geschichte der Technik liegen hier die Probleme. Wenn man von »Technisierung« als einem die Geschichte der letzten beiden Jahrhunderte umfassenden Merkmal spricht, so ergibt sich ein wesentlicher *Unterschied* sogleich aus der zumeist *datierbaren* Ereignisfolge jener Erfindungen, deren Summierung das Resultat »technisches Zeitalter« hervorgebracht hat, *und* der *zuständlichen* Veränderung der menschlichen Arbeitswelt im Gefolge dieser Erfindungen. Diese Veränderung ist oft erst mit erheblicher Verspätung eingetreten, zumindest hatte sie ein Moment der quantitativ erfaßbaren Vervielfältigung des technischen Faktors zur Voraussetzung. Ob diese *Vervielfältigung* in ausreichendem Maße und mit bestimmter Schnelligkeit eintritt, hat seine Gründe keineswegs nur in der Geschichte der Technik selbst, sondern *einerseits* in Bedingungen der wirtschaftlichen Potenz, *andererseits* in Gegebenheiten der Plausibilität, der Erwartungsstruktur der Gesellschaft, des Konsumanspruchs und der Konsumfähigkeit, der Verlagerung der Prestigeakzente und der Luxusgrenze usw.

Aber die Reihenfolge von Erfindung und Zustandsänderung war wiederum nichts anderes als die Erfüllung der historischen Postulate der Datierbarkeit und der geistigen Urheberschaft. Die Frage nach den Faktoren, die *zwischen* dem Datum des Anfangs in der Erfindung und dem der meßbar gewordenen Zustandsgröße auf den Prozeß eingewirkt, ihn begünstigt oder verzögert, mit der Struktur des Bewußtseins in Bezug gebracht haben – diese Frage nach der menschlichen und gesellschaftlichen Kapazität zur Realisierung von Technik blieb ungestellt. Der *Fortschritt* im allgemeinen, der technische Fortschritt im besonderen, sind als allzu pauschale Vorstellungen nicht nur in das vage Geschichtsbewußtsein, sondern auch als Thematik in eine bereits uferlose Literatur eingegangen. Tatsächlich ist »der Fortschritt« keine homogene Verlaufsform der Geschichte, kein einheitlicher, die Neuzeit überspannender Phrasierungsbogen.

Was bedeutet das für die Methodik einer Geistesgeschichte der Technik? Zunächst: die leitenden Fragen müssen gewissermaßen *kleiner* gestellt werden. Wir halten es *heute* für eine fraglose Selbstverständlichkeit, daß der *technische* Fortschritt eine abhängige Größe des *theoretisch*-wissenschaftlichen Fortschrittes ist, weil wir Technik vor allem als *»Anwendung«* theoretischer Einsichten verstehen. Das hat methodisch zur Folge gehabt, daß die *Technikgeschichte* sich an die *Wissenschaftsgeschichte* als deren *Spezifikation* ins Gebiet der Anwendungen angehängt hat. Aber dieses Fundierungsverhältnis ist keine konstante Struktur. Eine Geistesgeschichte der Technik hat diesen Sachverhalt zu differenzieren.

Für die *beginnende* Neuzeit ist charakteristisch gerade die erstaunende Wahrnehmung der sich formierenden neuen Wissenschaft, daß es trotz der theoretischen Stagnation und Rezession seit der Antike – die zu beklagen man nicht müde wird – technischen Fortschritt im *handwerklichen* Bereich der theoretisch ungeklärten und unreflektierten, sozial gering geschätzten *mechanischen Künste* ständig gegeben hatte.

Galilei gibt offen zu, daß er in die Arsenale von Venedig gegangen sei und dort in der Anschauung der technischen Praxis die Probleme der Mechanik einfacher Maschinen vorgefunden habe. Daß er hinsichtlich der Erfindung des Fernrohrs den handwerklichen Hintergrund der Herkunft des Geräts verschleiert und einer Mythologie der theoretisch fundierten Erfindung Vorschub geleistet hat, mag recht äußerliche, vielleicht rein materielle Gründe gehabt haben.

Descartes hat den geschichtlichen Hintergrund erkennbar verleugnet, aus dem ihm entscheidende Anregungen für die neue Wissenschaftsidee zugekommen waren, um den Mythos vom absoluten Anfang durch die sich ihrer selbst vergewissernde Vernunft etablieren zu können. Descartes sah vor allem, daß die seit der Antike unveränderte *Mathematik* der Schule, orientiert an den klassischen Texten, weit im Rückstand war gegenüber den Errungenschaften, von denen die *Praktiker* der Technik des Festungsbaues, der Ballistik, der Wasserkünste usw. einen ständigen, wenngleich ihnen selbst theoretisch undurchsichtigen Gebrauch nach der Art praktischer Faustformeln machten. Descartes kehrt diese Wahrnehmung *derart* um, *daß* er sich in die Rolle des Präzeptors bringt: indem er sich nach seiner eigenen Schilderung entschließt, ein Lehrbuch der Mathematik für technische Praktiker in systematischem Aufbau zu verfassen. Man sieht, wie der *Geist der »freien Künste«* sich seinen Vorrang angesichts der ernüchternden Wahrnehmung seines tatsächlichen Rückstandes zu sichern sucht. Er verwendet das *systematische* Prinzip der durchgängigen Begründung als ein *kritisches* Instrument gegenüber dem *faktischen* Fortschritt. Aus der bloßen Anhäufung zufälliger Geschicklichkeiten soll das rationale Programm eines sich selbst vollstreckenden Fortschritts werden. Und ebendieses Programm hat sich geschichtlich – wenn auch mit einiger Verspätung – bestätigt: der moderne technische Fortschritt ist an keiner Stelle ohne den ständigen Zuwachs und Vorsprung reiner Theorie denkbar.

Man darf das Problem des Fortschritts nicht ausschließlich unter dem Gesichtspunkt der Herkunft seiner theoretischen Voraussetzungen betrachten. Zu seinen Bedingungen gehört auch und vor allem die Durchbrechung bestimmter Blockaden im Bewußtsein der Zeit. Hier konnten die Methodenentwürfe vom Typus des cartesischen wenig leisten. *Francis Bacon* hat das Problem am deutlichsten gesehen und am vielfältigsten zu lösen versucht. Er hat ausdrücklich und methodisch auf die Geschichte der menschlichen Leistungen in den »mechanischen Künsten« zurückgegriffen; er hat das technische *Museum* und die Technik*geschichte* als Demonstrationen der Möglichkeit des Fortschritts gegen den Kanon unveränderlicher Bestände *gefordert*. Die Bilanz des schon Erreichten ist *nicht so* sehr, wie bei Galilei, ein Magazin der Erkenntnis, als vielmehr die Beglaubigung legitimer Ansprüche *gegen* den Schein der falschen Endgültigkeiten.

Der Anblick der Natur entmutigt, weil sie so aussieht, als könne sie *nicht anders* sein, und weil ihr Reichtum suggeriert, es könne *außer ihr nichts* geben. Die antike Metaphysik des Kosmos und die ihr folgende Tradition hatten diese beiden Axiome gedanklich institutionalisiert. Was diesen Axiomen hätte widersprechen können, verfiel einer Ächtung und Verachtung, die vor allem Abschaltung der Aufmerksamkeit bewirkte. Dagegen richtet sich Bacons Konzept der musealen und historischen Darstellung des Spielraums, den die Natur nachweislich dem Menschen gelassen hatte. Denn er bleibt dabei, es sei die Natur selbst, die sich hier unter dem Gebot der menschlichen Macht in ihren Möglichkeiten erst vollends darstelle. Die Möglichkeit der Technik liegt nur innerhalb der Variationsbreite, die der cursus communis, der gewöhnliche Verlauf der Natur, dem Menschen läßt. Deshalb stehen die Kuriositäten der Natur *und* der Technik, hier und noch für lange, auf *einer* Stufe: wo die Natur gleichsam spielt und wie im Irrtum die Norm der Gestaltung verfehlt, kann der Mensch geplante Veränderung erlernen. Das liest sich wie ein Stück Vorgeschichte der Mutationsforschung und der Züchtungstheorie; aber es ist nur die begrenzte Weise, in der sich etwas über das technische Potential des Menschen sagen ließ. Ein elementares Interesse an der Unverbindlichkeit der Schöpfung verrät sich: was durch Zufall gelegentlich oder selten vorkommt, soll ins System gebracht den Fortschritt bewirken. Es wird zur Aufgabe der geschichtlichen Reflexion erhoben, den menschlichen Geist von dem, was *ist*, zu dem, was *sein kann*, zu führen, wie Bacon es wörtlich ausspricht. Die Entfernung jeder Zukunft von der Gegenwart soll abschätzbar werden. Es ist höchst bezeichnend für die geschichtliche Konstellation, in der dies ausgesprochen wird, daß die Historie der Technik ihrem Triumph vorausgeht und nicht erst dessen beiläufiges Ornament zu werden bestimmt ist.

Die *Technik* hatte die Stagnation und Sterilität der wissenschaftlichen *Theorie*, die man dem Mittelalter jetzt zur Last legte, nicht mitgemacht – das war eine entscheidende Entdeckung, die schließlich zur *Rehabilitierung* der »mechanischen Künste« in der französischen Enzyklopädie führen sollte. Musealen Sammlungen, Ausstellungen, enzyklopädischen Beschreibungen kommt bei diesem Prozeß eine noch nicht voll gewürdigte Funktion zu. In die Kuriositätenkabinette mit ihren Monstren und Prodigien drangen mehr und mehr die artificia rariora, die barocken Wunderlichkeiten von Menschenhand, ein. Das berühmte Museum, das Athanasius Kircher um die Mitte des 17. Jahrhunderts in Rom zusammenbrachte, muß eine eindrucksvolle Schaustellung nicht nur der von der Natur produzierten Irrtümer, sondern auch der vom Menschen vermeintlich *»gegen die Natur«* genutzten Freiheiten gewesen sein.

Der Plan schließlich, den *Leibniz* 1675 zu einer »neuen Art von Ausstellungen« entwarf, zeigt eindrucksvoll die Homogeneität des Interesses an natürlichen und technischen Seltsamkeiten, die für den Legitimierungsprozeß der Technik wesentlich war. Der Katalog der vorgesehenen Ausstellungsobjekte enthält seltene Tiere und optische Illusionen, Wettervorhersageinstrumente und Rechenmaschinen, neue Gesellschaftsspiele und Musikautomaten, Feuerwerke und Flugmaschinen. Der Nutzen des Museums wird programmatisch so beschrieben: »Es würde die Augen des Publikums öffnen, Erfindungen anregen, schöne Ausblicke gewähren und die Leute mit einer unendlichen Zahl nützlicher und geistvoller Neuerungen belehren. Wer eine Erfindung oder einen geistvollen Vorschlag einzubringen habe, fände die Möglichkeit, dies bekannt zu machen und Gewinn daraus zu ziehen. Es würde ein allgemeiner Markt der Erfindungen entstehen. Wer auf sich hält und neugierig ist, würde das Museum besuchen, um darüber sprechen zu können, und selbst die Dame von Welt würde dort gesehen werden wollen, und zwar mehr als einmal.« Eine vergleichende Analyse der Texte von *Bacon* und *Leibniz* läßt den Weg von der Demonstration des Dennoch-Möglichen zum gesellschaftsfähig gewordenen Markt der »geistvollen Neuerungen« erkennen, wenn auch unterschwelliges Unbehagen die Lust am Neuen weiter begleitet, wie eine Marginalie von Leibniz verrät, die vielleicht schon einem inneren oder äußeren *Einwand* begegnet. »Kann etwas größere Berechtigung haben, als das Außerordentliche zu benutzen, um der Ordnung zu dienen?«

Was für die Ausbildung des Bewußtseins von der Notwendigkeit eines technischen Weltverhältnisses bedeutsam sein konnte, erwies sich freilich für die Geschichte der Technik im engeren Sinne, für die Logik ihres Fortschritts, als eine Sackgasse. Was dem Publikum die Augen öffnen sollte, diente nur noch der billigsten Verblüffung durch Effekte, deren Mechanismus in den Gehäusen versteckt wurde. Vom Schach spielenden Türken, der ein bloßer Betrug war, abgesehen, läßt sich die berühmte Ente des Vaucanson von 1738 als Höhepunkt der barocken Automatenspiele ansehen. Das Ende dieser Welt technischer Kuriositäten ist nirgendwo so anschaulich beschrieben wie in dem Bericht, den Goethe in seinen ›Annalen‹ von dem Besuch gibt, den er 1805 dem Helmstedter Professor Beireis und seinem berühmten Kuriositätenkabinett gemacht hatte. Die Wunder waren, an diesem Anfang des 19. Jahrhunderts, zum Plunder geworden. Goethe schreibt: »Gar manches von seinen früheren Besitzungen, das sich dem Namen und dem Ruhme nach noch lebendig erhalten hatte, war in den jämmerlichsten Umständen; die Vaucansonischen Automaten fanden wir durchaus paralysiert. In einem alten Gartenhause saß der Flötenspieler in sehr unscheinbaren Kleidern; aber er flötete nicht mehr ... Die Ente, ungefiedert, stand als Gerippe da, fraß den Haber noch ganz munter, verdaute jedoch nicht mehr: an allem dem ward er aber keineswegs irre, sondern sprach von diesen veralteten, halbzerstörten Dingen mit solchem Behagen und so wichtigem Ausdruck, als wenn seit jener Zeit die höhere Mechanik nichts frisches Bedeutenderes hervorgebracht hätte.« Kein Zweifel, daß Goethe die quasi-organische Hinfälligkeit der Mechanismen mit einiger Befriedigung genoß.

Die Idee der technischen Ausstellung sollte ihren Höhepunkt erst in dem finden, was Henry Adams in der berühmten Darstellung seiner eigenen Erziehung als die »Religion der Weltausstellungen« bezeichnet hat. Das Ineinander von nationaler und kommerzieller Konkurrenz mit dem Kult der technischen Superlative ist Adams an den frühen Weltausstellungen von Chicago 1893 und Paris 1900 aufgegangen. Aber was ihn fasziniert, ist nicht mehr vor allem die konstruktive Rationalität von *Maschinen*, sondern die Demonstration der *Kräfte*, über die der Mensch gebietet, um die Mechanismen anzutreiben. Die Dynamomaschine wird ihm zum »Gleichnis der Unendlichkeit«, zur Darstellung einer »moralischen Kraft ..., ähnlich wie die frühen Christen das Kreuz empfanden«. Zum Schluß gewinnt sein Bericht die Dimension einer kosmischen Konkurrenz der menschlichen Technik: »Die Erde selbst schien ihm in ihrer altmodischen, bedächtigen jährlichen oder täglichen Umdrehung weniger eindrucksvoll als dieses ungeheure Rad, das sich in Armesentfernung mit schwindelerregender Geschwindigkeit drehte, fast lautlos, nur eine kaum hörbare Warnung summend, daß man aus Achtung vor seiner Kraft einen Schritt zurücktrete, während es das Wiegenkind nicht weckte, das ganz nahe beim Umfassungsrahmen schlief. Bevor die Ausstellung geschlossen wurde, begann Adams die Dynamomaschine anzubeten; der ererbte Instinkt lehrte ihn den natürlichen Ausdruck des Menschen angesichts der schweigenden und unendlichen Kraft.«

Zu dieser Zeit lag das Manuskript von Leibniz über die neue Art von Ausstellungen noch in der Verborgenheit des Archivs. Mit seiner Idee, Erfindungen auszustellen, dem Publikum die Augen und der Neuheit ihren Markt zu öffnen, hatte die Idealisierung der Erfindung ihren ersten Höhepunkt zugleich mit dem Umschlag in den Charakter der Ware erreicht. Dazu gehörte die Ausbildung des rechtlichen Instituts von Eigentum an der Erfindung. Ohne auf die Geschichte des Rechts und der Ökonomie auszugreifen, sind die Faktoren des technischen Fortschritts nicht darzustellen. Die Erfindung ist der exemplarische Einwand gegen die schon antike Kritik am Privateigentum, die sich darauf beruft, daß die Natur alles allen zur Verfügung gegeben habe. Urheberschaft ist die reine und unanfechtbare Quelle von Eigentumsrecht geworden, zuerst und vor allem in der Vorstellung des absoluten Verfügungsrechtes des Schöpfers an seinen Kreaturen. Dennoch besitzt das Rechtsinstitut geschützten Eigentums des Erfinders an seinem Werk, das erst gegen Ende des 18. Jahrhunderts seine volle Ausbildung erfährt, keineswegs die Selbstverständlichkeit, die es inzwischen angenommen hat.

Dieses *Recht an der Erfindung* entwickelt sich in den Auseinandersetzungen über die Einschränkung des fürstlichen Rechtes, Privilegien zu verleihen. Dabei wurde der *Unterschied* wesentlich, der zwischen der Erteilung eines *Handelsmonopols* auf eine im Grunde jedermann zugängliche Ware – als einem Inbegriff von Absolutismus – *und* dem *Patent* besteht, das dem ersten und wirklichen Erfinder eines neuen Produkts zukommt. Dessen natürliche Rechtssphäre wird dadurch geschützt, nicht begründet. Die Auffassung von der Erfindung als einem schutzwürdigen, nicht auf eine *Sache*, sondern auf die *Idee* von einer Sache bezogenen Eigentum hat geistesgeschichtliche Voraussetzungen, in denen die traditionellen Vorstellungen vom Verhältnis des Menschen zur natürlichen Wirklichkeit fraglich werden. Hier erst wird zur faßbaren Realität, daß mit der aristotelischen Bestimmung aller menschlichen Fertigkeiten als *Nachahmung der Natur* schon im ausgehenden Mittelalter gebrochen worden war.

Daß es überhaupt Gegenstände geben *kann*, die vorher *in der Natur noch nicht* da waren, setzt voraus, daß der Mensch »Ideen« nicht nur als *Derivate* metaphysischer oder physischer Gegebenheiten besitzt, sondern sie authentisch hervorbringen kann. Uns ist geläufig, den Ausdruck »Idee« für den intellektuellen Einfall, für den vom Gegebenen unabhängigen gedanklichen Entwurf zu gebrauchen. Aber darin steckt schon die geschichtliche Wendung, die sich in der Begriffsgeschichte von »Idee« vollzogen hatte.

In der Mitte des 15. Jahrhunderts stößt man in den Dialogen des *Nikolaus von Cues* auf die Gestalt des Laien als eine Schlüsselfigur dieser Wendung. Der Laie ist gegen den Typ des scholastischen Gelehrten und sein traditionelles Bild von der Natur und vom Menschen konzipiert. Er ist der Mann der alltäglichen Erfahrung, der sich auf das Messen, Zählen und Wiegen versteht, ein Handwerker, der hölzerne Geräte für den Hausgebrauch herstellt. Und gerade an diesen Geräten demonstriert er in dem Dialog *Über den Geist*, daß seine Produktionsweise durch die Formel von der Nachahmung der Natur nicht erklärt werden kann. »Der Löffel hat außer der Idee in unserem Geiste kein anderes Urbild. Wenn der Bildhauer und der Maler ihre Vorbilder von den Dingen her nehmen, die nachzuahmen sie bestrebt sind, so trifft das auf mich, der ich Löffel aus Holz, Schalen und Töpfe aus Lehm anfertige, nicht zu. Bei dieser Tätigkeit ahme ich nicht die Gestalt von irgendeinem naturgegebenen Gegenstand nach, denn die Formen von Löffeln, Schalen und Töpfen entstehen allein kraft der menschlichen Kunstfertigkeit. Daher ist meine Kunst vollkommener als diejenige, welche die Gestalten von Geschöpfen nachahmt, und darum der unendlichen Kunst näher verwandt.«

Zu einer Zeit also, in der die Theorie der schönen und der freien Künste noch beherrscht ist von dem aristotelischen Prinzip der Nachahmung der Natur, findet die gering geschätzte Tätigkeit des Handwerkers eine Interpretation, in der der Vergleich des Menschen mit dem schöpferischen Wesen und Werk der Gottheit nicht gescheut wird. Aber zugleich macht diese Tendenz, den Laien als Gegenfigur dem Typus des scholastischen Gelehrten und humanistisch

Gebildeten zu konfrontieren, den Beleg in seinem Zeugniswert problematisch. Primär ist dies nicht eine Aufwertung des technisch tätigen Menschen, sondern die Einführung einer Demutsfigur gegen den Hochmut eines nicht mehr fraglosen sozialen Vorrangs. Was der in der Tradition der freien Künste entwertete Handwerker tut und was er ist, erscheint der Rechtfertigung bedürftig – einer Rechtfertigung, die nach der höchsten Analogie greift –, aber mit der Funktion, dem tradierten Ordo der Würdeverhältnisse entgegenzutreten. Daher ist nicht die neue Begründung des Ursprungs technischer Gebilde als solche thematisch. Das zeigt sich schon an der Auswahl der produzierten Gegenstände, die als niederstes Hausgerät nicht gerade den Menschen in der Hochform seiner Findigkeit repräsentieren. Die Figur des Laien tritt in den Dienst einer Art Umwertung der Werte, die seit der Figur des Sokrates vorgebildet war, der seine Herkunft aus dem Handwerk als Argument gegen ein tradiertes Bildungssystem ins Treffen geführt hatte.

Für die Quellenlage einer Geistesgeschichte der Technik ist dieser Fall typisch. Sie hat es mit einer egestas verborum, einer Armut der Sprache, besonderer Art zu tun. Die aus der Tradition sozialer Wertungen mißachtete Sphäre der mechanischen Künste ist sich selbst »nicht der Rede wert«. Der bis zur metaphysischen Überschätzung erfolgreiche Kampf der schönen Künste um eine Rolle in der neuzeitlichen Welt ließ sich nicht ohne weiteres reproduzieren. Wir wissen, in welchem Maße sich etwa die Traktate über Malerei an das klassische kategoriale Muster der Rhetorik und Poetik anhängen konnten. Aber dieser Umweg zu einem artikulierten Selbstbewußtsein war den mechanischen Artisten verschlossen. Der Weg der Technik in der Neuzeit ist daher weitgehend entweder unvermittelte Demonstration vor einer ebenso überraschten wie ahnungslosen Umwelt *oder* die Indienstnahme technischer Leistungen und Sachverhalte für heterogene geistespolitische Zwecke. Von dieser Art war schon der Idiota des Cusaners, ebenso wie die Technikgeschichte Bacons und das Ausstellungsprogramm von Leibniz. Die Idealisierung der Erfindung ist keine Reflexion von Erfindern, jedenfalls nicht vergleichbar mit der Bedeutung der Reflexion innerhalb der schönen Künste. Nur wenn man sich dies vor Augen hält, kann man ermessen, welche Funktion schließlich der großen französischen *Enzyklopädie* zukommen sollte, die aus einer Sphäre stummer Mechanismen und Verfahrensweisen einen potentiellen Bestandteil einer neuen geistigen Welt gemacht hat.

Goethe hat im dritten Buch von *Dichtung und Wahrheit* die Wirkung der französischen Enzyklopädie als Weckung des Bewußtseins von der elementaren Technisierung der Welt beschrieben. Es heißt dort: »Wenn wir von den Enzyklopädisten reden hörten, oder einen Band ihres ungeheuren Werks aufschlugen, so war es uns zumute, als wenn man zwischen den unzähligen bewegten Spulen und Weberstühlen einer großen Fabrik hingeht, und vor lauter Schnarren und Rasseln, vor allem Aug' und Sinne verwirrenden Mechanismus, vor lauter Unbegreiflichkeit einer auf das Mannigfaltigste ineinander greifenden Anstalt, in Betrachtung dessen was alles dazu gehört, um ein Stück Tuch zu fertigen, sich den eigenen Rock selbst verleidet fühlt, den man auf dem Leibe trägt.« Das Phänomen der Technisierung ist hier nicht nur in seinem lästigen Begleitgeräusch vergegenwärtigt, sondern in dem einen Grundzug, daß es die zur zweiten Natur gewordene Gegenstandswelt der technischen Produkte aus ihrer Selbstverständlichkeit heraushebt und in der Darstellung ihres mechanisch gewordenen Ursprungs neu thematisiert. Der Abbé Galiani, ein Freund des Kreises der Enzyklopädisten, hatte in einem witzigen kurzen Dialog Voltaire und Mirabeau eine »unparteiische Untersuchung der großen Frage, ob die Natur oder die Menschen die Schuhe gemacht haben«, führen lassen. Dieser Dialog ist die erste Entdeckung des Sachverhalts, daß sich der Mensch seine eigene Urheberschaft im Bereich der elementaren Gegenstände seiner Bedürfnisse verbirgt. Ich gebe einen kurzen Ausschnitt. Galiani läßt Mirabeau fragen: »Kann es etwas Absurderes geben als zu glauben, daß unsere Schuhe das Werk der Natur sind wie unsere Füße?« Darauf Voltaire: »Mein Gott! Was findet Ihr denn so Außerordentliches dabei?« Mirabeau: »Nur was wirklich daran außerordentlich ist.« Voltaire: »Aber alles sagt Euch doch, daß der Schuh nicht das Werk des Menschen ist. Alles zeigt Euch diese wichtige Wahrheit. Geht zurück bis in die fernste Antike – Ihr werdet überall Schuhe antreffen: bei allen Nationen, bei den barbarischen, bei den zivilisierten hat man die Schuhe gekannt. Könnt Ihr glauben, daß eine so notwendige, verbreitete Sache, die man zu allen Zeiten und an allen Orten gekannt hat, deren Erfinder man nicht kennt, das Werk der Menschen sei? Man darf nicht der immer schwankenden, unsicheren Meinung der Menschen, sondern nur den Gesetzen der Natur zuschreiben, was sich durch alle Zeitalter und bei allen Menschen erhalten hat …«

Darauf wiederum Mirabeau: »... Weil man die alten Papiere verbrannt hat und nun nicht genau weiß, wer zuerst die Schuhe erfunden hat, soll man glauben, daß die Schuhe mit den Füßen zugleich entstanden seien. Weiß man es nicht, so kann man es doch erraten; sicher war es ein Schuster ... Denkt doch nach, wer den ersten Gewinn von den Schuhen gehabt hat, und Ihr werdet den ersten Schuldigen finden. Sicherlich einen Schuster. Denn gibt es nicht Leute, die ganz gut ohne Schuhe leben und gehen können?« Der kulturkritische Hintergrund, im Sinne Rousseaus, wird erkennbar, aber hier in der Funktion, das Bewußtsein der Verantwortung des Menschen für seinen Zustand und seine Ausstattung in der Welt zu artikulieren, die Unausweichlichkeit seiner demiurgischen Rolle *aus* der Vergangenheit *für* die Zukunft zu begründen. Bedürfnisse sind nicht Ansprüche auf natürliche Versorgung, sondern Leerstellen der Natur, die der menschlichen Produktivität ihre Aufgaben stellen.

Es wird deutlich, welche Konsequenz darin liegt, daß im Umkreis der Enzyklopädie in dieser Weise von außen »über die Technik« gesprochen wurde. Dieses Zur-Sprache-Kommen hat eine historisch definierbare Bedeutung, ist selbst ein Stück Geistesgeschichte der Technik, und doch ein Sachverhalt, der die Erforschung dieser Geistesgeschichte ihrer spezifischen Schwierigkeiten ansichtig macht.

Die Struktur des technischen Fortschritts erscheint nur in der globalen Idealisierung als homogen und von eindeutiger Logik. Um sich dessen zu vergewissern, braucht man nur den unverkennbaren und bleibenden Ertrag für die Geistesgeschichte der Technik ins Auge zu fassen, der im *Kapital* von Karl Marx enthalten ist. Marx hat das Axiom, die zunehmende Technisierung der Industriegesellschaft sei nichts anderes als das *Resultat der Summierung* jener erfinderischen Einzelleistungen (als datierbarer Ereignisse), in der Wendung gegen den Idealismus entschlossen umgekehrt. In dem Kapitel »Maschinerie und große Industrie« hat er die Mechanisierung der Produktion als die in Erfindungen umgesetzte *Konsequenz aus der Arbeitsstruktur* der frühindustriellen Manufaktur dargestellt, nämlich: ihrer Zerlegung der ursprünglich handwerklichen Herstellung einer Ware in ihre elementaren Arbeitsvorgänge. An der Arbeitsteilung sei die *Möglichkeit* der Mechanisierung eines Produktionsvorganges erst *ablesbar* geworden; die Übersetzung der elementaren Komplexion in den mechanisierten Vorgang habe sich dadurch gleichsam zwingend angeboten. Erfindungen lagen nicht, wie man zu sagen pflegt, in der Luft, sondern waren im Arbeitsprozeß präformiert. Die Werkstatt zur Produktion der Arbeitsinstrumente selbst, so schreibt Marx, »dieses Produkt der manufakturmäßigen Teilung der Arbeit produzierte seinerseits – Maschinen«.

Dieses Modell macht deutlich, was Marx unter einer Geschichtsschreibung der Technik versteht, die er selbst als »kritische Geschichte der Technologie« bezeichnet. Eine solche Geschichtsschreibung würde nachweisen, so behauptet Marx, »wie wenig irgendeine Erfindung des 18. Jahrhunderts einem einzelnen Individuum gehört«. Marx gibt auch eine erkenntnistheoretische Begründung für die *Fälligkeit* ebenso wie für die *Möglichkeit* der geforderten Technikgeschichte: *fällig* sei sie, nachdem Darwin das Interesse auf »die Geschichte der natürlichen Technologie« gerichtet habe, nämlich durch eine Theorie der Entstehung der Organe als der »Produktionsinstrumente für das Leben der Pflanzen und Tiere«; *möglich* sei sie als »Bildungsgeschichte der produktiven Organe des Gesellschaftsmenschen«, und zwar mit größerer Leichtigkeit als jene biologische Theorie, weil – nach dem von Vico eingeführten Axiom – »die Menschengeschichte sich dadurch von der Naturgeschichte unterscheidet, daß wir die eine gemacht und die andere nicht gemacht haben«.

Eine solche Art von Geschichtsschreibung kann nicht im Schema der chronistischen Tradition stehenbleiben. Das Zuständliche entzieht sich der präzisen Datierbarkeit, die das Begründungsverhältnis von Handlungstheorien und Handlungsprodukten methodisch erschließbar macht. Es mußte nun zumindest als *möglich* angesehen werden, daß Handlungstheorien ihrerseits nur Ausdruck und Folge vorgegebener Verhältnisse waren, daß sie allenfalls die in den Zuständen gelegenen Notwendigkeiten des Handelns aufgenommen, entfaltet und systematisiert hatten und dadurch Ereignisse vielleicht *vorzubereiten* und beschleunigt herbeizuführen, nicht aber primär zu *motivieren* vermochten.

In diesem Zusammenhang bekommt die Beobachtung erst ihren *Akzent*, daß für die frühe Geschichte des Verhältnisses von Wissenschaft und Technik der Vorrang der Theorie höchst fragwürdig war. Marx hat auch dazu eine pauschale Feststellung: »Die Manufakturperiode, welche Verminderung der zur wahren Produktion notwendigen Arbeitszeit bald als bewußtes Prinzip ausspricht, entwikkelt sporadisch auch den Gebrauch von Maschinen, namentlich für gewisse einfache erste Prozesse, die massenhaft und mit großem Kraftaufwand auszuführen sind ... Sehr wichtig wurde die sporadische Anwendung der Maschinerie im 17. Jahrhundert, weil sie den großen Mathematikern jener Zeit praktische Anhaltspunkte und Reizmittel zur Schöpfung der modernen Mechanik darbot.«

Dieser doppelte Fundierungszusammenhang: *einmal* der Maschine auf die mechanisch zerfällte Arbeit, *dann* der Mechanik auf die Gegebenheit der Maschine, trägt zu deutlich das Kennzeichen der ideologischen *Umkehrung*, als daß man hier den methodischen Leitfaden der Technikgeschichte zu finden hoffen dürfte. Alles spricht dafür, den Zugang zur Sache von Vorentscheidungen freizuhalten. Nur ein Pluralismus der Aspekte und der methodischen Ansätze kann helfen, das Potential der *Fragen* auszuschöpfen, die hier gestellt werden können. Sicher ist es fruchtbar, nach der Präformation der Mechanisierung in der Realität der Organisation von Handarbeit zu fragen. Aber es ist verhängnisvoll, dabei die Möglichkeit zu übersehen, die Veränderungen im Typus der Arbeit, wie die enorme Verlängerung der Arbeitszeiten und die Atomisierung der Arbeitsvorgänge, könnten in den Anfangsstadien der industriellen Revolution nicht bereits aus der *Konkurrenz* mit dem aufkommenden Maschinenwesen und aus der ungleichen maschinellen Ausstattung der konkurrierenden Nationalwirtschaften verursacht worden sein.

Gerade auf dem Gebiet der Technikgeschichte gibt es scheinbar bewährte *Gemeinplätze*, mit denen höchst komplexe und ergiebige Probleme lange Zeit beiseite geschoben worden sind. Ein für die technische Welt und die Darstellung ihres Selbstbewußtseins so symptomatisches Phänomen wie der »Wolkenkratzer« konnte auf lange Zeit jedermann mit der naheliegenden Erklärung über die spekulativ ausgeschöpfte Bodenknappheit im Zentrum von New York plausibel gemacht werden. Daß es bestimmter technischer Voraussetzungen bedurfte, wie der Ausbildung der Stahl- und Betonkonstruktion und anderer Bauverfahren, ist natürlich beachtet worden. Wichtiger als die technische Fähigkeit, solche Hochhäuser zu bauen, war aber die konstruktive Bewältigung des Problems, den Vertikalverkehr in ihnen zu realisieren.

Der technische Fortschritt – als spezifisch-qualitative Veränderung der menschlichen Möglichkeiten – besteht gelegentlich in elementaren Akten des Aufmerksamwerdens auf bis dahin unbemerkte Alternativen. Verkehr mit Lasten und Menschen war bis in die Mitte des 19. Jahrhunderts ganz selbstverständlich Horizontalverkehr. Es schien kaum ein Bedürfnis für die Alternative des Vertikalverkehrs zu bestehen – außer in Bergwerken, wo er auf einer primitiven Stufe stehengeblieben war. Aber für die Ausbildung des Vertikalverkehrs in Hochbauten gab es einen elementaren *Zirkel*: um höher bauen zu können, bedurfte es einer *schon* ausgebildeten Technik des Aufzugverkehrs, sobald man über die Höhe des organisch noch zu leistenden und sinnvollen Treppenverkehrs hinausging. Das Bedürfnis für den konstruktiven Fortschritt des Vertikalverkehrs und die Voraussetzung für dessen ökonomische Rentabilität konnte andererseits erst entstehen, wenn der Bau von Hochhäusern bereits akut geworden war, wenn es Hochhäuser *schon* gab, die es doch ohne diese Voraussetzung nicht geben *konnte*. In solchen Fällen springt in der Technikgeschichte gelegentlich das reine *Luxus*- und Spielbedürfnis ein, der appeal-Charakter technischer Attraktionen etwa für den Fremdenverkehr, die z. B. in Hotels einen zumeist rein deklamatorischen Komfort anbieten können.

Auf diese Weise kam es 1857 zu den ersten Personenaufzügen ohne die reelle Notwendigkeit des Hochhauses. Dies ist zwar ein Stück Geschichte der technischen Faktoren, die zum Wolkenkratzer führen *konnten*, aber zweifellos auch zusammen mit dem Faktor Bodenverknappung nicht geführt *hätten*, wenn die im Hochhaus angebotene *Vertikalstruktur* nicht der Rationalität der modernen Großverwaltungen und Büroverbundorganisationen unvergleichlich entgegengekommen wäre. Das Versicherungswesen, das diese *abstrakte* Verwaltungsstruktur zuerst ausbildet, produziert auch 1885 den ersten zehnstöckigen Wolkenkratzer, und zwar in Chicago, wo es Probleme der Bodenknappheit nicht gab. Die so plausible Erklärung des Wolkenkratzers durch die kapitalistische Substruktur ist zumindest fragwürdig. Mag man selbst den puren *Demonstrationswert* wirtschaftlicher Macht noch zu dieser Substruktur rechnen, so ist die Entwicklung über die vielleicht zeitweilige Relevanz solcher Momente hinweggegangen, um sich vollends zu *rationalisieren.* Der Umschlag vom Horizontal- zum Vertikalverkehr in der modernen bürokratischen City entspricht dem Vorrang des Informations- und Datenverkehrs *vor* dem Lasten- und Warenverkehr, der diese Zentren nicht mehr erreicht, sondern in ihnen nur noch *abstrakt repräsentiert* ist. Die Vertikale ist die Dimension des Transits von Akten und Referenten, von Entscheidungen und Managern, von Operationen und Stäben geworden. Die Technik hat eine bestimmte Arbeitsstruktur möglich gemacht, aber nicht weniger wahr ist, daß die Perfektion dieser technischen Mittel durch den Wandel der Arbeitsstruktur vorangetrieben worden ist.

Für den *Primat* der *Rationalisierung* vor der *Technisierung* gibt es einen Grenzfall von Schlüssigkeit: die Geschichte der Rechenmaschine. Die zunächst paradox erscheinende Tatsache, daß ausgerechnet die *Philosophen* unter den Mathematikern, nämlich Pascal und Leibniz, und nicht die *Techniker* unter ihnen sich um die Konstruktion der ersten Rechenmaschinen bemüht haben, wird begreiflicher, wenn man die *neue* Auffassung der Philosophie von der Tätigkeitsweise der menschlichen Vernunft, nämlich von ihrem kombinatorischen und automatisch-deduktiven Charakter, als die Voraussetzung versteht, die im Gedanken der Rechenmaschine ihre gleichsam handgreifliche, experimentelle Demonstration erhielt. Diese Maschine ist ein *Argument*, kein *Instrument* – oder erst *sekundär* ein solches. Es war also nicht der Nutzeffekt, Rechenoperationen mechanisch zu erleichtern, sondern die Absicht, das Modell für die *Erklärung* dieser Operationen zu liefern, was den Konstruktionswillen motivierte.

Ich möchte dazu eine Stelle aus der Biographie anführen, die die Schwester Pascals, Gilberte Périer, über ihren Bruder geschrieben hat. Sie berichtet über die Erfindung des 19jährigen folgendes. »Mit dieser arithmetischen Maschine lassen sich nicht nur alle Arten von Rechnungen ohne Feder und Rechenmarke durchführen, sondern sogar, ohne irgendeine Regel der Arithmetik zu kennen, und zwar mit einer unfehlbaren Sicherheit. Dieses Werk ist als eine in der Natur neuartige Sache angesehen worden, da es eine Wissenschaft, die ganz allein dem Geist innewohnt, auf einen Mechanismus übertrug und dadurch ein Instrument ergab, das alle Operationen mit völliger Sicherheit durchzuführen vermag, ohne vernünftiger Überlegung zu bedürfen.« Daß die *Darstellung* geistiger Prozesse die *Delegation* geistiger Prozesse impliziert, daß sich die Evidenz des Mechanismus *reflektiert* auf die nur noch mechanische Dignität der rationalen Leistung, das spiegelt sich in den Zweifeln an dem Recht der Forderung nach einer mathesis universalis. Noch *Husserl* sah in der Formalisierung geistiger Prozesse das im Fortschritt Sich-Entlaufen der Vernunft aus der Redlichkeit ihrer Verpflichtung zur Erfüllung der eingegangenen Intentionen. *Hegel* dagegen hatte in der *Logik* nicht die Entartung, sondern die *essentielle* Äußerlichkeit mathematischer Prozesse für die menschliche Vernunft als Voraussetzung ihrer Mechanisierung angegeben: »Weil das Rechnen ein so sehr äußerliches, somit mechanisches Geschäft ist, haben sich Maschinen verfertigen lassen, welche die arithmetischen Operationen aufs vollkommenste vollführen. Wenn man über die Natur des Rechnens nur diesen Umstand allein kännte, so läge darin die Entscheidung, was es mit dem Einfalle für eine Bewandtnis hatte, das Rechnen zum Hauptbildungsmittel des Geistes zu machen und ihn auf die Folter, sich zur Maschine zu vervollkommnen, zu legen.« Ähnlich schreibt Schopenhauer: »Daß die niedrigste aller Geistestätigkeiten die arithmetische sei, wird dadurch belegt, daß sie die einzige ist, welche auch durch eine Maschine ausgeführt werden kann; wie denn jetzt in England dergleichen Rechenmaschinen bequemlichkeitshalber schon in häufigem Gebrauche sind.« Daß solche Abwertungen das

Problem *nicht ausschöpften*, ja nicht einmal *verstanden*, war schon von Johann Heinrich Lambert in einem Brief an Kant vom 13. Oktober 1770 ausgesprochen worden, in dem er von den symbolischen Operationen zwar *zugibt*, daß sie zwischen dem reinen Denken und der bloßen Empfindung lägen, zugleich aber für sie *beansprucht*, daß wir mit ihnen weit über die Grenzen unseres wirklichen Denkens hinausreichen, und zwar *nicht* durch ein bloßes mechanisches Überspringen von Schritten, die rein der Möglichkeit nach noch nachgeholt werden könnten.

Wie die Prozesse der Mathematisierung und Formalisierung, Mechanisierung und Automatisierung intellektueller Leistungen *bewertet* werden, hängt davon ab, ob man in ihnen die *Substanz* des menschlichen Denkens vertreten sieht *oder* ob eine von zentralen Funktionen der Vernunft abtrennbare, diesen eher *äußerliche* und daher von ihnen zu entäußernde Sphäre ein um so reineres Residuum erkennen läßt. Die Maschine übernimmt dann diejenigen Verrichtungen, die nicht der höchsten Qualität des originären Denkens bedürfen, wie sie die Erfindung selbst repräsentiert. Technisierung erweist sich daran paradigmatisch als der Prozeß, in dem sich der Mensch von den Leistungen *entlastet*, die seine Anstrengung nur ein einziges Mal erfordern oder in denen er sich überbieten zu lassen ein einsichtiges Interesse hat.

Hier werden Wertungsfragen der Technik berührt, die ein eigenes Kapitel einer Geistesgeschichte der Technik darstellen. Denn zu dieser Geschichte gehört nicht nur der Geist, *der* die Technik bewirkt, sondern auch der, *den sie* bewirkt. Ich meine dabei nicht die »Fernwirkungen«: das

Auftreten technischer Motive in Dichtung und Malerei, so symptomatisch dies sein kann, nicht die Umstellung des Menschen auf diejenigen Bedingungen seiner Existenz, die durch Apparaturen im weitesten Sinne *vorgegeben* sind, zumeist aber nicht durch deren konstruktive Spezifität, sondern durch ihre ökonomische Rentabilität *definiert* werden. Die Veränderung des Denkens selbst durch die Erfahrung mit Technik besteht vor allem darin, daß *Theorien* kaum noch als *Erklärungen* der Wirklichkeit zur Geltung kommen, sondern sofort in die Funktion von *Potentialen* rükken, die Wirklichkeit zu verändern, Gedachtes zu realisieren, das Weichbild des Utopischen auszudehnen.

Die Behauptung vermeintlich ewiger und unveränderlicher Wahrheiten desavouiert zu sehen, gehört zu den elementaren Erfahrungen der Neuzeit; aber es geschieht, wie vor allem in der Geschichte der Wissenschaften thematisch ist, in der vertrauten Weise der *Korrektur* bestehender Vorstellungen durch neue, verifizierbare. In der Geistesgeschichte der Technik kann es nur um ein *indirektes* Verhältnis zum Bestand vermeintlicher Wahrheiten gehen. Was alles ist z. B. an staatsphilosophischen, politiktheoretischen Aussagen falsch geworden durch bestimmte Fortschritte der Technik?

Ich verweise auf einen einfachen Fall. Montesquieu glaubte, aus der Geschichte des römischen Staates ein Gesetz ableiten zu können, das den Übergang von temperierten Formen der politischen Herrschaft zu ihren despotischen Entartungen kausal bestimmen sollte; der politischen Systemen essentielle Ausdehnungsdrang führe an eine Grenze, wo die *Quantität* in eine politisch *negative Quali-*

tät umschlägt, weil die Verwaltung des zu beherrschenden Raumes mit den klassischen Mitteln der staatlichen Organisation nicht mehr möglich ist, wenn »die Schnelligkeit der Entschlüsse die Distanz kompensieren muß, über die sie zu dringen haben«, wenn also *Raum* durch *Zeit* wettgemacht werden muß und die Umständlichkeit politisch *kontrollierter* Verfahren durch den *Absolutismus* der jederzeit verfügbaren Entscheidungsgewalt ersetzt zu werden geradezu herausfordert. Nun mögen solche Erwägungen für die Geschichte der Römer *ebenso* falsch oder richtig gewesen sein *wie* als politische ›Gesetze‹; aber auf jeden Fall sind die *Gründe* für das eine oder andere seit der Zeit Montesquieus nicht dieselben geblieben, weil das Verrechnungsverhältnis von Zeit und Raum sich radikal verändert hat, und zwar *durch* Technik und *als* von Technik abhängige Größe.

Die Anführung dieses Beispiels war nicht beliebig. Montesquieu ist eine wichtige Figur für die Geistesgeschichte der Technik. Er hat zuerst gefordert, und zwar in dem Aufruf der Akademie von Bordeaux, deren Präsident er war, aus dem Jahre 1719, die Geschichte der Erdoberfläche zu schreiben, und zwar vor allem im Hinblick auf *die* Veränderungen, die *der Mensch* im Lauf seiner Geschichte an ihr bewirkt hat. Im *Geist der Gesetze* finden sich verschiedene Spuren eigener Bemühung um das Problem, die Veränderung des Lebens durch technischen Fortschritt darzustellen. Aber für ihn lagen diese Umwandlungen und die Möglichkeit künftiger Zustandsänderungen weit unter der Schwelle dessen, was den Charakter einer die Geschichte nach Analogie der Natur beherrschenden Gesetzlichkeit beanspruchen konnte. Diese Gesetzlichkeit mußte als

Quantität ausdrückbar sein, das hatte das Zeitalter von Newton gelernt. So glaubte Montesquieu, daß es für die Republik ebenso eine maximale Größe gäbe wie für die Monarchie. Das räumliche Maximum ist bezogen auf bestimmte Zeitgrößen, die für politische Entscheidungen und ihre Realisierung zur Verfügung stehen. Je größer die Entfernungen zur Übermittlung dieser Entscheidungen sind, um so schneller müssen sie gefällt werden, und an einem bestimmten Punkt der Überdehnung schlägt die räumliche Quantität in politische Qualität um, wird die gemäßigte Staatsform zur despotischen, die sich der Übergröße des Raumes durch die Schnelligkeit ihrer Entscheidungen als adäquat erweist.

Diese Implikation des *Zeitbezuges* für die vermeintlich gefundene Gesetzlichkeit weist auf eine wesentliche Orientierung für die historische Analyse in der Technikgeschichte hin: technische Entwicklungen sind immer auf die Konstanten menschlicher Zeitgrößen bezogen.

Man kann die in allen Diskussionen beliebte Frage, was denn Technik sei, beiseite lassen, wenn man die Zeitrelation als hermeneutisches Instrument einführt. Die Lebenszeit mit ihren natürlichen Einheiten ist für den Menschen im wesentlichen eine unverfügbare und unveränderliche Größe; will er *mehr* an Leistung und Genuß, an Selbstdarstellung und Lebensfülle, so muß er die Realisierung seiner Möglichkeiten in dieser vorgegebenen Zeit beschleunigen. Direkt oder indirekt ist diese *Steigerung von Geschwindigkeiten* die einheitliche Wurzel aller technischen Antriebe des Menschen.

Damit präzisiert sich für eine Geistesgeschichte der

Technik eine ihrer Aufgaben, nämlich: zu studieren, *wie* dieses elementare *Programm* an einem bestimmten Punkt unserer geistigen Geschichte nicht nur *akut* wurde (etwa weil es bis dahin mit gewissen Kompensationen verdeckt war), sondern auch, *wie* es sich in seiner bis dahin ungeglaubten *Realisierbarkeit erwies.*

Noch Lichtenberg sah unsere unübersteigbare Unterlegenheit gegenüber der Natur darin, daß wir deren *Zeitmaße* nicht mitmachen, sie überall dort nicht nachahmen *können*, wo sie in der Großzügigkeit ihres Zeitverbrauchs die menschlichen Lebensmaße übersteigt. Er schreibt: »Die Dauer der Zeit ist ein wichtiges Hindernis bei allen unseren Bemühungen, die Erscheinungen der Natur mit Operationen im Laboratorio zu erklären ... Diese Schwierigkeiten werden Menschen nie überwinden können. Der Anfang kann gut so gemacht werden: so wie der *Raum* uns die Ergründung mancher Dinge unmöglich macht, so kann es auch die *Zeit.* So wie wir den Mond nicht erklettern werden, noch zum Mittelpunkt der Erde hinabsteigen, so wenig werden wir Naturprozesse nachmachen können, über denen *sie* vielleicht Jahrhunderte brütet, und wozu sie die Ingredienzien aus allen fünf Weltteilen herbeischafft.« Ich brauche diesen Text nicht weiter zu erläutern; die *Unmöglichkeit*, die er *behauptet* und mit der Absurdität der noch größeren Unmöglichkeit, den Mond zu erklettern, *metaphorisiert*, ist längst zum Inbegriff von *Möglichkeiten* geworden, so daß man diesen Text in seiner Umkehrung geradezu als elementare Bestimmung der technischen Epoche lesen kann.

Mit der Frage nach dem Verhältnis von *Technisierung*

und *Zeitstruktur* wird eine Grenze berührt, an der eine Geistesgeschichte der Technik für ihre Problemstellungen isoliert nicht mehr aufkommen kann. Aber gerade hier wird sich die Spezialisierung der Geschichtswissenschaft durch die Konvergenz der je spezifischen *Grenz*begriffe und *Grenz*probleme auf neue übergreifende Fragestellungen hin positiv auswirken können.

Der *Pluralismus* der Axiome, mit denen eine Geistesgeschichte der Technik arbeiten muß, wirkt auf den ersten Blick enttäuschend und erweckt den Anschein eines historischen Skeptizismus. Aber die Forderung, die Wege der Interpretation dieser Zusammenhänge offenzuhalten und sich nicht im Vorgriff für ein bestimmtes Zuordnungsmodell zu entscheiden, soll gerade verhindern, daß *ideologische* Determinanten in die historische Einstellung eingehen oder *diese jenen* Dienste der Bestätigung leistet.

Vielleicht gibt es unentscheidbare Fragen auch auf diesem Felde – aber selbst eine *partielle* Resignation wäre einer dogmatischen Festlegung vorzuziehen, die *dogmatisch* deshalb ist, weil sie den *Primat* im Kausalnexus mit einer *Wertung* verbindet. Dabei muß man sich aber auch darüber klar sein, daß mit der Annäherung an die Gegenwart die Relevanz der möglichen *Modelle* zurücktritt gegenüber einer *Verdichtung* der *immanenten Logik* des technischen ebenso wie des wissenschaftlichen Prozesses. Eine Wissenschaftsgeschichte des 20. Jahrhunderts wird einmal ganz anders beschaffen sein als eine solche des 17. Jahrhunderts, die einen Prozeß darzustellen hat, dessen immanente Logik sich noch nicht konsolidiert hat. Der noch nicht verfestigte Prozeß steht den gleichsam quer einschießenden, den blockierenden und beschleunigenden Faktoren der Geschichte noch offen.

Die Prophezeiung, wir ständen am Ende der Geschichte spontaner produktiver Aktionen des menschlichen Geistes, gewinnt ihr Recht aus dieser Sachlage, die in der *Theorie* bedeutet, daß die *Resultate* einer bestimmten Stufe des Prozesses immer schon die *Probleme* für die nächsten Schritte der Erkenntnis implizieren. Für die Geschichte der *Technik* heißt das, daß die Lösung eines bestimmten konstruktiven oder verfahrenstechnischen Problems zugleich die Mängel erst erkennbar macht, die noch zu bewältigen sind und insofern die Aufgaben für künftige Lösungen stellen. Je näher wir der Gegenwart kommen, um so mehr werden die Geschichte der exakten Wissenschaften und die Geschichte der Technik, aber auch die Geschichte der bildenden Kunst und der Literatur zu *geschlossenen* Regionen von einer *je eigenen* inneren Konsequenz ihrer Entwicklung und damit verhältnismäßig abgeschirmt gegen diejenigen Wechselwirkungen, aus deren Summierung so etwas wie die Einheit eines Stiles entstehen könnte.

Der hohe Verdichtungsgrad unseres wissenschaftlichen und technischen Zustandes ist zwar selbst noch ein *Thema* einer Geistesgeschichte der Technik, aber zugleich eine *Gefährdung* der Unerschöpflichkeit ihres Fortganges zu neuen Konstellationen. Eine Technik, die uns nur noch dem Zwang der funktionstüchtigen Anpassung und der aufmerksamen Beachtung ihrer Signale unterwerfen würde, müßte in der Chronik ihrer Fortschritte ganz und gar aufgehen. Ob es sich dann immer noch lohnte, der Frage forschend nachzugehen, wie es zu diesem Zustand gekommen ist, brauche ich zu meinem Glück in diesem Augenblick nicht mehr zu entscheiden.

III Zusammenfassung des Referats und Diskussion

H. BLUMENBERG:* In einer Situation, in der der noch von *Hegel* programmatisch ausgesprochene Primat der Geistesgeschichte für unser Geschichtsbewußtsein an Glaubwürdigkeit verloren hat, muß das Thema einer Geistesgeschichte der Technik problematisch erscheinen, zumal die Geschichte der Technik – bei einer flüchtigen Vergegenwärtigung unserer technischen Umwelt – es scheinbar nur mit handfesten Realitäten zu tun hat. Würde man die konstruktive Rationalität dieser technischen Realitäten zum Gegenstand einer Geistesgeschichte der Technik machen, so wäre das Resultat der klassische Typus einer Geschichte der Erfindungen und der Erfinder, der Konstruktionen und Konstrukteure. Damit scheint für eine Geistesgeschichte der Technik nur der Geist vor und nach dem technischen Phänomen selbst übrigzubleiben, der Geist als Motivation und Justifikation bzw. das Verhältnis von Idee und Realität. Methodisch aussichtsreicher, als sich in die Gigantomachie der Idealisten und Materialisten einzulassen, ist die Freihaltung von präjudiziellen Alternativen und die Beachtung, daß in der Geschichte der Fakten und der Sequenz von Fakten ein System der gegenseitig gerichteten Wirkung zwischen Idee

* [Zuerst in: *Bericht über die 27. Versammlung deutscher Historiker in Freiburg/Breisgau vom 10. bis 15. Oktober 1967*, Stuttgart: Ernst Klett Verlag 1969, S. 89-93.]

und Realität besteht. Solange Zustände die Epiphänomene von Handlungen sind, fügen sie sich dem durch neue Elemente angereicherten Schema des historischen Kontextes ein. Für Zustände empfahl sich schon methodisch die Annahme einer quantitativen Bestimmbarkeit; Hauptgrund – neben der Reaktion auf eine idealistische oder personalistische Geschichtsauffassung – für den gegenwärtigen Vorzug allgemein materieller, wirtschafts- und sozialgeschichtlicher Zuständlichkeiten. Spricht man von »Technisierung« als einem das 18. und 19. Jahrhundert umfassenden Merkmal, so ergibt sich sogleich ein wesentlicher Unterschied aus der zumeist datierbaren Ereignisfolge jener Erfindungen, deren Summierung das Resultat »technisches Zeitalter« hervorgebracht hat, und der zuständlichen Veränderung der menschlichen Arbeitswelt im Gefolge dieser Erfindungen, die – oft mit erheblicher Verspätung eintretend – ein Moment der quantitativ erfaßbaren Vervielfältigung des technischen Faktors zur Voraussetzung hatte. Ausmaß und Schnelligkeit der Vervielfältigung haben aber ihre Voraussetzungen hauptsächlich in Bedingungen der wirtschaftlichen Potenz und sozialer Gegebenheiten wie Erwartungsstruktur, Konsumanspruch, Luxusgrenze usw. Die Erfüllung der historischen Postulate der Datierbarkeit und der geistigen Urheberschaft durch die Angabe der Reihenfolge von Erfindung und Zustandsänderung ließ die Frage nach den Faktoren, die zwischen dem Datum der Erfindung und dem der meßbar gewordenen Zustandsgröße auf den Prozeß eingewirkt, ihn begünstigt, verzögert, mit der Struktur des Bewußtseins in Bezug gebracht haben, ungestellt und unbeantwortet. Der technische Fortschritt ist als allzu pauschale Vorstellung in das vage Geschichtsbewußtsein eingegangen. Für die Methodik einer Geistesgeschichte der Technik bedeutet das zunächst, daß die leitenden Fragen kleiner gestellt werden müssen. Anzusetzen ist zunächst bei dem uns heute zur Selbstverständlichkeit gewordenen Abhängigkeitsverhältnis des technischen Fortschritts vom wissenschaftlich-theoretischen. Gerade für die beginnende Neuzeit ist charakteristisch, daß es trotz der theoretischen Stagnation und Rezession technischen Fortschritt im Bereich der theoretisch unreflektierten, sozial gering geschätzten artes mechanicae ständig gegeben hatte. Wie *Galilei* hat *Descartes* den handwerklichen Hintergrund erkennbar verleugnet, aus dem ihm entscheidende Anregungen für die neue Wissenschaftsidee zugekommen waren. Zu den Bedingungen des technischen Fortschritts gehört vor allem auch die Durchbrechung bestimmter Blockaden im Bewußtsein der Zeit. Am deutlichsten gesehen wurde dieses Problem durch *Francis Bacon*. Er hat das technische Museum und die Technikgeschichte als Demonstration der Möglichkeit des Fortschritts gefordert. Die auch bei *Leibniz* wiederkehrende Homogenität des Interesses an natürlichen und technischen Seltsamkeiten, die für den Legitimierungsprozeß der Technik wesentlich wurde, führte zu den musealen Sammlungen und Ausstellungen, in denen die Kuriositäten der spielenden – und damit Einblick gebenden – Natur und der Technik noch für lange Zeit auf einer Stufe standen.

Mit der Idee, Erfindungen auszustellen, dem Publikum die Augen und der Neuheit den Markt zu eröffnen, werden zugleich rechtliche und ökonomische Fragen berührt, die wesentlich zu den Faktoren des technischen Fortschritts gehören. Das Rechtsinstitut des geschützten Eigentums besitzt keineswegs die Selbstverständlichkeit, die es inzwischen angenommen hat. Die Auffassung von der Erfindung als einem schutzwürdigen, nicht auf eine Sache, sondern auf eine Idee einer Sache bezogenen Eigentum hat geistesgeschichtliche Voraussetzungen, in denen die traditionellen Vorstellungen vom Verhältnis des Menschen zur natürlichen Wirklichkeit fraglich werden. Der Weg der Technik in der Neuzeit ist weitgehend unvermittelte Demonstration geblieben. Die Idealisierung der Erfindung war keine Reflexion von Erfindern, jedenfalls nicht vergleichbar mit deren Bedeutung innerhalb der schönen Künste. Bei dieser Sachlage ist zu ermessen, welche Funktion schließlich der großen französischen Enzyklopädie zukommen sollte, die aus einer Sphäre stummer Mechanismen und Verfahrensweisen einen potentiellen Bestandteil einer neuen geistigen Welt gemacht hat. *Marx* hat im *Kapital* das Axiom, die zunehmende Technisierung der Industriegesellschaft sei das Resultat der Summierung jener erfinderischen Einzelleistungen (als datierbare Ereignisse), in der Wendung gegen den Idealismus entschlossen umgekehrt. An der Arbeitsteilung der frühindustriellen Manufaktur sei die Möglichkeit der Mechanisierung erst ablesbar geworden, die Erfindungen lägen nicht in der Luft, sondern seien im Arbeitsprozeß präformiert, und eine Geschichtsschreibung – so *Marx* – würde nachweisen, wie wenig irgendeine Erfindung des 18. Jahrhunderts einem einzelnen Individuum zugehöre. Möglich sei eine Technikgeschichte als »Bildungsgeschichte der produktiven Organe des Gesellschaftsmenschen«. Eine solche Art von Geschichtsschreibung kann nicht im Schema der chronistischen Tradition stehenbleiben. Das Zuständliche entzieht sich der präzisen Datierbarkeit, die das Begründungsverhältnis von Handlungstheorien und Handlungsprodukten methodisch erschließbar macht. Nur ein Pluralismus der Aspekte und der methodischen Ansätze kann helfen, das Potential auch nur der Fragen auszuschöpfen, die sich einer Geistesgeschichte der Technik stellen.

Gerade auf dem Gebiet der Technikgeschichte gibt es scheinbar bewährte Gemeinplätze, mit denen höchst ergiebige und komplexe Probleme lange Zeit beiseite geschoben worden sind. Das für die technische Welt so symptomatische Phänomen des Wolkenkratzers läßt sich nicht allein aus der kapitalistischen Substruktur erklären. Der im Hochhaus vollzogene Umschlag vom Horizontal- zum Vertikalverkehr entspricht dem Vorrang des Informations- und Datenverkehrs vor dem Lasten- und Warenverkehr in der modernen bürokratischen City. An diesem Beispiel läßt sich demonstrieren, daß die Technik, die eine bestimmte Arbeitsstruktur ermöglichte, durch den Wandel der Arbeitsstruktur in ihrer Perfektion vorangetrieben worden ist.

Letztlich lassen sich alle technischen Entwicklungen direkt oder indirekt auf die Steigerung von Geschwindigkeiten zurückführen. Die Lebenszeit ist für den Menschen eine unveränderliche Größe; will er mehr an Leistung und Genuß, an Selbstdarstellung und Lebensfülle, muß er die Realisierung seiner Möglichkeiten in dieser vorgegebenen Zeit beschleunigen. Für eine Geistesgeschichte der Technik präzisiert sich damit eine ihrer Aufgaben: zu untersuchen, wie dieses elementare Programm an einem bestimmten Punkt unserer geistigen Geschichte nicht nur akut wurde, sondern auch, wie es sich in seiner bis dahin ungeglaubten Realisierbarkeit erwies.

Diskussion zum Referat *Blumenberg*

A. TIMM (Bochum) begrüßt, daß das 18. Jahrhundert im Mittelpunkt des Vortrages stand, das für die Geschichte der Technik eine enzyklopädische, pädagogische und ökonomische Renaissance bringe. Wenn auch in diesem Jahrhundert die unvermittelten Erfindungen stark im Vordergrund ständen, so müßte man aber doch die Tatsache berücksichtigen, daß gerade im engen Zusammenhang mit der Ökonomie auch Auftragserfindungen zu verzeichnen seien.

Auf die Historiographie der Technikgeschichte eingehend, hob TIMM dann hervor, daß *Marx* im *Kapital* in dem Kapitel »Maschinerie und große Industrie« nicht aus Eigenem schöpfe, sondern daß seine Ausführungen auf den Geschichten der Technologie von *Johann Beckmann* und seinem Schüler *Johann Heinrich von Poppe* beruhten. Gerade für den Marxismus sei bezeichnend, daß der Geschichte der Technik keine Aufmerksamkeit geschenkt werde.

BLUMENBERG entgegnet, daß die Auftragserfindung in vielen Fällen künstlich gefördert worden sei, d.h., schon Fertiges sollte durch Auftrag initiiert erscheinen und der spontane Charakter der Erfindungen kultiviert werden. Andererseits sei bei den »unvermittelten« Erfindungen zu beachten, daß die Kontinuität um des Scheins der Spontaneität willen häufig verschleiert worden sei. Die Feststellungen zu Marx seien in historiographischer Hinsicht zu bestätigen.

R. BRAUN (Berlin) weist darauf hin, daß eine Sozialgeschichte der Technik – gleichsam als wünschenswertes Korreferat zu einer Geistesgeschichte – einige Akzente anders gesetzt hätte. Für die in dem Legitimierungsprozeß angeführten Beispiele der sogenannten Kunstmechanik oder Automatenindustrie habe zu dieser Zeit keine Diskriminierung des Erfinders bestanden; es sei deshalb auch nicht erstaunlich, daß der Strom mechanisch-technischer Begabung und Phantasie in den Bereich der Kunstmechanik abgedrängt worden sei.

Für den technischen Fortschritt und die Industrialisierung sei jedoch die Frage entscheidend, welche Kräfte die ökonomische Verwendung technischer Erfindungen förderten bzw. hemmten. Das Zeugnis von *Blaise Pascal* und vieler seiner Zeitgenossen mache deutlich, wie sehr der Erfinder wirtschaftlich nutzbarer technischer Neuerungen noch in der zweiten Hälfte des 17. Jahrhunderts diskriminiert worden sei. Das innovationsfeindliche Klima – soweit es die ökonomische Verwendung technischer Neuerungen betrifft – sei zuerst in England um die Mitte des 18. Jahrhunderts in ein innovationsoffenes umgeschlagen. Als entscheidender Schritt in diese Richtung müsse das 1668 erschienene Werk von *Sprat* angesehen werden: *The History of the Royal Society of London, for the Improving of Natural Knowledge*. Die von *Sprat* erhobenen Forderungen nach einer Verbindung zwischen Theorie und Praxis hätten bekanntlich zur Gründung von Gesellschaften und Zeitschriften geführt, deren Ziel es gewesen sei, technische Neuerungen anzuregen, Erfinder zu fördern sowie nützliche technisch-wirtschaftliche Neuerungen der Öffentlichkeit zugänglich zu machen. Das spezifisch sozialgeschichtliche Problem liege in der Frage, wie es zu diesen Wert- und

Verhaltensänderungen in bezug auf die Träger technischer Neuerungen kommen konnte.

NIPPERDEY, auf das von BRAUN hingewiesene Verhältnis zwischen Geistes-Sozialgeschichte der Technik eingehend, stellt die Frage zur Diskussion, ob Handlungsstrukturen nicht auch implizite Theorien zugrunde liegen könnten, die den Handelnden oft nicht bewußt seien. Ideengeschichte und soziale Betrachtungsweise müßten diese impliziten Theorien mit berücksichtigen.

BRAUN, nachdem zuvor BLUMENBERG auf die methodische Schwierigkeit der oben gestellten Frage hingewiesen hat, verweist in diesem Zusammenhang zur Klärung der Frage nach spezifischen Handlungstheorien in Verbindung mit dem technischen Fortschritt auf das Werk von *N. J. Smelser*: *Social Change in the Industrial Revolution – An Application of Theory to the Lancashire Cotton Industry 1770-1840* (London 1959), der die *Parsons*sche Handlungstheorie auf eine historische Situation anwende. Als Ordnungsschema sei dieser soziologische Beitrag für den Historiker, der sich mit Fragen des technischen Wandels befasse, sehr fruchtbar und anregend.

K. BORCHARDT (Mannheim) hebt hervor, daß die Geistesgeschichte der Technik noch tiefer gehende Fragen zulasse. Nicht die Geistesgeschichte und die Handlungstheorien seien das eigentliche Problem. Unbestritten sei, daß die Geistesgeschichte zur Technikgeschichte gehöre. Als spezifisches Problem sei die Frage anzusehen, welchen Stellenwert die Geistesgeschichte für den technischen Fortschritt prätendiere, einen allgemeinen oder nur besonderen.

BLUMENBERG, auf NIPPERDEY, BRAUN und BOR-

CHARDT eingehend, greift noch einmal die Frage nach der impliziten Handlungstheorie auf und erläutert sie an einem Beispiel aus der Religionswissenschaft, insbesondere an dem Verhältnis zwischen Mythos und Ritus. Wenn man mit dem ausgehenden 19. Jahrhundert den Mythos als eine nachträgliche Paraphrase oder Erklärung von nicht mehr verstandenen Riten auffasse, müsse man die Frage, ob dann der Mythos die Explikation einer im Ritus steckenden Handlungstheorie sei, verneinen, da das Verhältnis von Handlungstheorie und Handlung ebensowenig lösbar sei wie das Universalienproblem. Bei dieser Problematik sei auch Vorsicht angebracht bei dem Ruf, noch tiefer zu gehen.

IV Ordnungsschwund und Selbstbehauptung

Über Weltverstehen und Weltverhalten im Werden der technischen Epoche

Die große Zahl der Versuche, für das Problem der Technik philosophische Aspekte zu gewinnen, läßt sich im wesentlichen auf zwei Ansätze zurückführen.* Der erste Ansatz ist mit der Aussage gegeben, daß Technik ein spezifisch menschliches Phänomen sei. Schon die Tatsache, daß Werkzeugfunde und die Anzeichen für die Beherrschung des Feuers dem Paläontologen und Anthropologen als eindeutige Bezeugungen des menschlichen Charakters fossiler Bestände gelten, enthält die Voraussetzung, daß der *homo sapiens* sich als *homo faber* dokumentiert. Die Technizität wurzelt in der Natur des Menschen und ist damit so alt wie der Mensch selbst. Eine philosophische Anthropologie kann hier sehr wohl ansetzen und weiterfragen, wie sich dieser Zusammenhang begründen läßt, wie etwa die Eigenart der biologischen Ausstattung des Menschen den Komplex seiner Leistungen als Bedingung der Möglichkeit seines Daseins begreiflich macht. Der zweite Ansatz nimmt Technik als ein geschichtliches Phänomen. Das schließt den zuerst genannten Aspekt durchaus ein, überschreitet ihn aber insofern, als Technik unter diesem Gesichtspunkt

* [Zuerst in: *Sechster Deutscher Kongreß für Philosophie, München 1960. Das Problem der Ordnung*, herausgegeben von Helmut Kuhn und Franz Wiedmann, Meisenheim am Glan: Verlag Anton Hain 1962, S. 37-57.]

nicht darin aufgeht, Instrumentarium der Daseinssicherung und elementaren Bedürfnisbefriedigung zu sein. Es ist etwas anderes, ob der Mensch unter dem Druck der Notwendigkeiten seiner Existenz technisches Verhalten entwickelt oder ob er seine Technizität wahrnimmt und ergreift als Thema und Signatur seiner Selbstdeutung und Selbstverwirklichung. Hier kann sich ein Pathos der technischen Leistung entfalten, das mit Notwendigkeiten und Bedürfnissen nichts mehr zu tun hat, sondern die Bedürfnisse aus dem Grad der Technisierung sekundär mitproduziert. Dabei kann zunächst offenbleiben, ob die in der Technisierung vollstreckte Selbstauffassung des Menschen etwas Ursprüngliches und radikal Fundierendes war, also ein geschichtlich spontanes Konzept, oder ob auch hier eine der biologischen Ausgangssituation vergleichbare, diesmal geistige Nötigung vorausging, auf die eine Antwort zu geben war, deren prägnantester Ausdruck sich im Phänomen der Technik realisierte. Wie dem auch sei, in diesem Sinne ist »die Technik« ein konstitutives Element der Neuzeit. Das, was ich mitteilen möchte, geht von diesem zweiten Aspekt aus.

Der Gebrauch der in der Themastellung verbundenen Begriffe wird durch den gewählten Ansatz bestimmt. »Selbstbehauptung« meint daher die nackte biologische und ökonomische Erhaltung des Lebewesens Mensch mit den seiner Natur verfügbaren Mitteln. Überhaupt ist nicht die Rede von einer Reaktion auf bestimmte umweltliche Gegebenheiten und Bedingungen der Natur, sondern von einem Daseinsprogramn, unter das der Mensch seine geschichtliche Existenz stellt und in dem er sich vorzeichnet, wie er es mit der ihm begegnenden Wirklichkeit aufnehmen und wie er seine Möglichkeiten ergreifen will. Der »Ordnungsschwund« kann demnach nicht gemeint sein als ein mehr oder weniger umfassender Naturvorgang, etwa nach der Art der Aussage des zweiten Hauptsatzes der Thermodynamik. Gemeint ist vielmehr eine fundamentale Wandlung im Verstehen der Welt und in den darin implizierten Erwartungen, Einschätzungen und Sinngebungen. Solches Weltverstehen summiert sich nicht aus Tatsachen der Erfahrung und ist auch nicht ein ahnungshaftes und vorbewußtes Tiefenwissen, sondern ein Inbegriff von Präsumtionen, die ihrerseits den Horizont möglicher Erfahrungen bestimmen und die Vorgegebenheit dessen enthalten, was es für den Menschen mit der Wirklichkeit auf sich hat. Ein solcher Sinnwandel des Weltverstehens ist aber nicht ein fataler Prozeß, der den Menschen aus einem unverfügbaren Urgrund überkommt, sondern eine jeweils fällige Konsequenz von geistigen Setzungen und Formulierungen, deren Integration das Verhältnis des Menschen zur Welt fundiert.

Wenn von Ordnungsschwund die Rede ist, muß natürlich gesagt werden, welcher Art die »Ordnung« gewesen ist, deren Zerfall besprochen werden soll. Es läßt sich eine Fülle von Prinzipien aufweisen, nach denen die Welt als eine Ordnung aufgefaßt werden kann und historisch aufgefaßt worden ist. Jedes derartige Ordnungsprinzip, und sei es noch so theoretisch, affiziert das Verhalten des Menschen; aber in ihrem Grunde wird die Stellung des Menschen zur Welt doch nur von einem solchen Ordnungsprinzip betroffen, das über die Bedeutung der Wirklichkeit für den Menschen eine Bestimmung enthält. Die Frage, auf die diese

Bestimmung eine Antwort geben muß, läßt sich sehr allgemein so formulieren: Kann der Mensch darauf rechnen, daß in der Struktur der Welt auf ihn in irgendeiner Weise Rücksicht genommen ist? Es läßt sich leicht sehen, daß jede Antwort auf diese Frage pragmatische Relevanz annehmen muß.

Was damit gesagt sein soll, kann ich vielleicht etwas konkreter werden lassen, indem ich Nietzsche zu Wort kommen lasse, der dem Zusammenhang immer wieder nachgegangen ist. Für Nietzsche konzentriert sich das Problem unter dem Begriff der Teleologie, also dem Gedanken einer Zweckmäßigkeit der Natur aus einem rationalen oder personalen Weltprinzip, dessen Voraussetzung die Naturprozesse als »Handlungen« verstehen läßt, die entweder in den Hervorbringungen dieser Prozesse ihr Endziel haben oder darüber hinaus und günstigenfalls im Menschen als dem letzten Sinnbezug alles Naturhaften. Eine solche anthropozentrische Teleologie hat, wie unmittelbar einleuchtet, ihr pragmatisches Korrelat in der Sicherung der Weltvertrautheit und Sinngewißheit des Menschen. Aber für Nietzsche ist jede Form der Teleologie nur ein Derivat der Theologie; vorgegebene Zentrierung des Weltsinnes auf den Menschen ist für ihn gleichbedeutend mit jener »Vorsehung«, von der ein Weltvertrauen induziert wird, das die göttliche Gutheißung der Dinge bei der Schöpfung mitzumachen verleitet. Die Beruhigung am Vorgegebenen gilt Nietzsche als verhängnisvolle Lähmung der schöpferischen Aktivität des Menschen. Es ist der »für Hand und Vernunft lähmendste Glaube, den es je gegeben hat«; er führt zu einem »absurden Vertrauen zum Gang der Dinge«. Demgegenüber alarmiert die mechanistische Weltdeutung den konstruktiven Willen des Menschen: gibt es keine verbindliche Ordnung der Dinge, so ist es dem Menschen überlassen und aufgegeben, sie allererst zu schaffen. Die äußerste Zufälligkeit ist die »Konzeption zur Gewinnung der höchsten Kraft«. Der für Nietzsche signifikante Weltbegriff heißt »Weltkonstruktion« (»Der letzte Philosoph« 1872/75 Werke, Musarion-Ausgabe VI, 18, 16, 35). Das Gegebene wird darauf nivelliert, Material für den Ordnungsentwurf des Menschen zu sein. Nicht die Welt weist dem Menschen seinen Rang zu, sondern der Mensch projiziert seine Selbstqualifikation auf die Welt: die »höchste Evolution des Menschen (ist) als die höchste Evolution der Welt zu betrachten« (WW VI, 50). Diese funktionale Abhängigkeit des Weltstatus vom Grad der Selbstkonstitution des Menschen ist die extreme Gegenvorstellung zum teleologischen Kosmos. Für den Menschen hat es keinen Sinn mehr zu fragen, was die Welt für ihn schon sei. Damit ist auch die Gleichgültigkeit des traditionellen Wahrheitsbegriffes gegeben: »Der Philosoph sucht nicht die Wahrheit, sondern die Metamorphose der Welt in den Menschen.« (WW VI, 58) Nietzsche hat allerdings in der Technik nicht die Form der menschlichen »Weltkonstruktion« gesehen, die seiner Vorstellung adäquat gewesen wäre; Technik war für ihn angewandte Naturwissenschaft und damit ein Derivat der klassischen Wahrheitsbindung, unvergleichbar mit der Kunst, die die »Wahrhaftigkeit« des Menschen »in einer lügenhaften Natur« darzustellen hätte (WW VI, 31). Theoretische und demiurgische Haltung werden zueinander in Gegensatz gebracht: »Nicht im Erkennen, im Schaffen liegt unser

Heil! ... Geht uns das Weltall nichts an, so wollen wir das Recht haben, es zu verachten.« (WW VI, 35)

Nietzsches Position illustriert nicht nur den thematischen Zusammenhang von Ordnungsschwund und Selbstbehauptung, sondern verdeutlicht zugleich die historische »Stelle« und die funktionale Vorläufigkeit dieses Komplexes. Selbstbehauptung als historische Kategorie weicht eben darin von der entsprechenden biologischen Grundvorstellung ab, daß sie kein abschließendes, in sich konsolidiertes menschliches Verhalten bezeichnen kann, sondern nur einen Übergang, das Herausfinden aus der Notwendigkeit zur Freiheit neuer Selbstdefinition. Der Mensch überwindet in seiner Geschichte nicht nur die Krisen, die er sich selbst bereitet hat, sondern er überwindet das kritisch gewordene System seiner Selbst- und Weltdeutung durch eine neue Konzeption, gleichsam durch eine generelle Hypothese, die der geschichtlichen Verifikation bedarf. Nietzsche macht sichtbar, wohin der Übergang der frühneuzeitlichen Problematik von Ordnungsschwund und Selbstbehauptung führen konnte. Mein Thema ist hier aber nur dieser Übergang selbst als Eröffnung des Grundes eines neuen geschichtlichen Entwurfes; »Selbstbestätigung« als Grundzug neuzeitlichen Weltverhaltens, das diesem Entwurf als Verifikation zuzuordnen ist, wäre ein anderes, an das heutige anschließendes Thema. Diese Begrenzung der Fragestellung bitte ich, im Auge zu behalten.

Unter dem Namen des »Ordnungsschwundes« suche ich die epochale Krise zu erfassen, die das geistige Gepräge der Neuzeit bestimmt hat. Nun läßt sich aber sofort entgegenhalten, daß nicht nur der Ausgang des Mittelalters sich unter dem Titel des Ordnungsschwundes beschreiben lasse, sondern auch die Destruktion der Antike; daraus erhebt sich die Frage, warum das spezifische Phänomen der Selbstbehauptung mit seinen Implikationen nicht auch als Korrelat des spätantiken Ordnungsschwundes aufgetreten ist. Die Frage anders gestellt: Hatte nicht auch der Hellenismus alle Anlagen dazu, so etwas wie eine »Neuzeit« zu werden, wobei er nur in ärgerlicher Unterbrechung durch das Christentum gestört worden wäre? Die Neuzeit wäre dann die Normalisierung jener Störung, die Wiederaufnahme der unterbrochenen Kontinuität der Geschichte in ihrer immanenten Konsequenz. Wenn ich der Widerlegung dieser These einen Teil meiner Anstrengungen zuwende, so geschieht das nicht um dieser Behauptung selbst willen, sondern um die Spezifität der endmittelalterlichen Ordnungskrise in der Abhebung gegen die spätantike herauszuarbeiten und das Moment der Selbstbehauptung in seiner Zuordnung zu dieser singulären Herausforderung zu fundieren.

Wieder bediene ich mich einer historischen Hilfestellung, indem ich eine Äußerung von Leibniz in seinem Briefwechsel mit Clarke heranziehe und aus ihr einen kritischen Leitfaden entwickle. Bekanntlich hatte Clarke die Anwendung des *principium rationis sufficientis* auf die Schöpfung – und damit auf die Erklärung der Natur – abgelehnt, die Leibniz zum Ausgangspunkt seiner Deduktionen gemacht hatte. Nur auf diese Weise konnte Clarke die Realität des absoluten Raumes Newtons gegen Leibniz verteidigen. Der Schöpfungsakt ist das Urfaktum, das nicht weiter befragt und rational begründet werden kann, *un décret absolument absolu*, wie Leibniz es Clarke vorformuliert. Der Gottesbegriff, den Clarke für Newtons Naturerklärung in Anspruch nimmt, ist der voluntaristischen Theologie des Nominalismus, wenn nicht genetisch, so doch der Sache nach zugehörig. Leibniz erhebt nun in seinem vierten Brief den Vorwurf, der von Clarke vertretene Begriff der Weltschöpfung sei im Grunde der atomistischen Weltentstehung bei Epikur logisch äquivalent: *La volonté sans raison seroit le hazard des Epicuriens.* (Werke ed. Gerhardt VII, 374) Leibniz behauptet also, systematisch ausgedrückt, die Äquivalenz von Voluntarismus und Mechanismus oder, historisch formuliert, die von Nominalismus und Epikureismus. Wir brauchen uns hier nicht um den polemischen Nebeneffekt zu kümmern, daß seit der Zeit der Stoa »Epikureismus« ein klassischer Tiefschlagsausdruck geworden war; hier ist er sachlich sehr genau eingesetzt. Die Bemerkung von Leibniz hat unser Interesse dadurch, daß zu den wesentlichen, allerdings gern unterschätzten Phänomenen der beginnenden Neuzeit die Neubelebung der Naturphilosophie Demokrits in der ihr von Epikur und Lukrez gegebenen Gestalt gehört. Der Wandel der Vorstellungen von Materie und Bewegung ist durch diese Renaissance der antiken Atomistik vorbereitet worden; aber trotz dieser bedeutenden Nachwirkung ist der Vorgang immer nur als ein durch den literarischen Bestand nun einmal gegebenes Stück der Gesamtrenaissance verstanden und damit zu einem nicht weiter der Erklärung bedürftigen Faktum geworden. Der bloße Nachweis des Vorhandenseins oder Wiederauftretens der Quellen erklärt nichts. Renaissancen haben ihre genetische Logik, und nur deren Aufweisung erfüllt den Anspruch historischen Verstehens. Die Bemerkung von Leibniz gegen

Clarke erschließt den strukturellen Zusammenhang, der zwischen dem Nominalismus als einer spätmittelalterlichen und dem Atomismus als einer frühneuzeitlichen Erscheinung besteht. Beide Positionen betrachten den Weltursprung als ein irrationales Ereignis, auf das sich der Mensch in seinem Bedürfnis, die Welt zu begreifen, nicht beziehen kann. Epikur hatte die »grundlose Abweichung der Atome« von ihren im unendlichen Raum geradlinig und parallel verlaufenden Bahnen als Ursprung der Wirbelbildungen angenommen, aus denen er den Kosmos entstehen ließ, und für dieses Urereignis keine weitere Erklärung geben können; der Nominalismus hat für alles Fragen nach Grund und Absicht der Schöpfung nur das augustinische *Quia voluit* bereit.[1] Leibniz erscheinen diese beiden Positionen logisch als äquivalent und austauschbar. Aber was systema-

1 Die tiefere Richtigkeit der Bemerkung von Leibniz wird vielleicht deutlicher, wenn man einen äußerlich ganz ähnlichen Versuch heranzieht, diskriminierende Äquivalenz mit dem Epikureismus zu behaupten: Tertullian gibt dem »stupens deus« des Gnostikers Markion Epikur zum Ahnen (patriarcha). Aber der transzendente Heilsgott Markions, der Gegenspieler des Weltdemiurgen, wird deshalb zum »immobilis et stupens deus« (adv. Marc. I 25, 3), ja zum »stupidissimus« (I 26, 3), weil er in seiner Güte des Zornes und der Rache unfähig ist und damit dem theologischen Postulat Tertullians nicht genügt: derideri potest deus Marcionis, qui nec irasci novit nec ulcisci (ib. V 4, 14). Die Äquivalenz bezieht sich also auf den stupor der durch Weltliches in ihrer Muße nicht erregbaren Götter Epikurs, und der von der Schöpfung wie von Zorn und Rache entlastete Gott Markions wird ganz epikureisch zum »deus ille otiosus« (ib. V 4, 3) in einem verächtlichen Sinne. Aber diese Genealogie ist historisch ebenso wie logisch falsch und sicher bewußt böswillig aufgestellt, denn der Gott Markions ist nur deshalb kein Gott der Furcht, weil er um so eindeutiger ein Gott der Hoffnung sein soll; es ist ein gesteigerter, nicht ein depotenzierter Gottesbegriff.

tisch richtig ist, muß historisch noch nicht zutreffend sein. Der epikureische Atomismus konnte nicht von vergleichbarer historischer Virulenz sein wie der spätmittelalterliche Nominalismus; es kommt darauf an zu sehen, wie die Herausforderung der Vernunft zu ihrer Selbstbehauptung gerade in der Heterogeneität des Nominalismus begründet liegt, und zwar so, daß der Atomismus noch zu ihrem Instrument werden konnte. Dadurch wird die These an Profil gewinnen, daß nicht auf den Hellenismus, wohl aber auf den Nominalismus die geschichtliche »Antwort« der Neuzeit gegeben werden konnte.

Eine vergleichende Analyse von Epikureismus und Nominalismus ist damit zu einer zentralen Aufgabe unseres Themas geworden. Vor allem sind die dogmatischen Gemeinsamkeiten in ihrer systematischen Funktion genauer zu betrachten.

Für die Götter Epikurs und für den Gott des Nominalismus gibt es keine *ratio creandi*, kein Motiv für die Erschaffung der Welt. Aus dieser gemeinsamen Prämisse werden nun radikal verschiedene Folgerungen gezogen. Für Epikur ist die Konsequenz negativ: weil der Grund für einen Schöpfungsakt nicht gegeben war, kann eine Schöpfung überhaupt nicht angenommen werden. Die Erklärung des Weltursprungs muß anderweitig gesucht werden. Die Nominalisten gewinnen aus derselben Voraussetzung eine für ihr theologisches System höchst positive Feststellung: weil die Schöpfung grundlos ist, demonstriert sie die unfaßbare Souveränität und Freiheit Gottes, ist sie der erste jener Reihe reiner Gnadenakte, die das eigentliche Thema der Theologie darstellen. Die Grundlosigkeit der Schöpfung ist ursprünglich als Provokation auf den Menschen gerichtet, als Appell zu einem Akt der Unterwerfung und der religiös gewendeten Selbstbeschränkung. Gerade deshalb darf die Frage gar nicht destruiert werden, wie es bei Epikur durch die Unbefragbarkeit des mechanischen Urvorganges geschieht, sondern die Schärfe der Frage muß hier geradezu forciert werden, um dem im Frageverzicht zu erbringenden Vertrauen seine Bewußtheit zu geben. Bei Epikur ist alles auf Entschärfung und Diffusion der Frage angelegt, im späten Mittelalter alles auf ihre Verschärfung und Verdichtung.

Epikureer und Nominalisten leugnen die Teleologie der Welt, besonders ausgeprägt gegen die stoische These, daß die Welt um des Menschen willen entstanden sei. Dies ist bei Epikur nur eine Konsequenz der Bestreitung des rationalen Weltgrundes, und es genügt ihm, die von der stoischen Philosophie formulierten Sätze zu bekämpfen. Aber Epikur ist, im Gegensatz zu den Nominalisten, ganz unkritisch gegenüber seinen eigenen teleologischen Implikationen. Man braucht nur die Schilderung des Urzustandes der Menschheit bei Lukrez zu lesen, um zu sehen, wie stark hier noch das anthropozentrische Moment dieser Naturphilosophie ist, und zwar nicht nur zufällig, sondern in deutlichem Zusammenhang mit der kulturkritischen Komponente: die Natur bleibt dem Menschen zwar vieles schuldig (Lukrez II, 181: *tanta stat praedita culpa*), aber sie hält das Notwendige für ihn bereit (VI, 10: *omnia iam ferme mortalibus esse parata*), und zwar in einem fast stoischen Sinne der verbindlichen Normierung der menschlichen Bedürfnisse durch die Natur. Der Mensch kommt hier nicht zufällig auf seine Kosten, sondern er erfährt, was für ihn gut ist, und läßt dies nicht ungestraft außer acht. Man darf nicht vergessen, daß bei Epikur aus der Naturphilosophie auf keinen Fall der Affekt der Sorge erzeugt oder gerechtfertigt werden darf; die Herrschaft des Zufalls darf nicht zur Unruhe im Menschen führen. Die Natur muß also für den Menschen mehr leisten, als sie nach den Voraussetzungen eigentlich leisten darf.[2] Die teleologischen Minimalbestände erlauben es Epikur erst, dem Eindringen theologischer Fragen vorzubeugen, während umgekehrt im Nominalismus die strikte Durchführung des theologischen Zentralgedankens es erfordert, die teleologischen Einschlüsse und Restbestände konsequent aufzuspüren und auszuschalten.

Der dritte Punkt, in dem Epikur und die Nominalisten übereinzustimmen scheinen, ist die Vorstellung von der Pluralität der Welten. Dieser Gedanke sollte in der Neuzeit einer der wesentlichen spekulativen Faktoren der Zersetzung der metaphysischen Kosmosidee werden; aber bei Epikur leistet er noch nicht, was er nach Ockham leisten sollte, nämlich die Weltgestalt, den Kosmos als Eidos, faktisch und im Gedankenexperiment beliebig variierbar zu machen. Wenn Epikur, wie vor ihm andere Griechen, von »Kosmos« im Plural spricht, so bedeutet dies, daß e i n Welt-Eidos als in beliebig vielen Exemplaren realisiert gedacht wird. Plato hatte die Lehre von der Einheit des Kosmos als Konsequenz einer teleologischen Weltbetrachtung gegen die Pluralität der Atomisten gesetzt (Tim. 31 AB); die Stoa

2 Man vergleiche hierzu etwa noch die Einstellung der genera cupiditatum nach dem Kriterium ihrer Notwendigkeit bei Cicero, de finibus I 13, 45 und das Fragment Usener nr. 469 (= Diano fr. 56): χάϱις τῇ μακαϱίᾳ φύσει, ὅτι τὰ ἀναγκαῖα ἐποίησεν εὐπόϱιστα, τὰ δὲ δυσπόϱιστα οὐκ ἀναγκαῖα.

war ihm hierin gefolgt (Diog. Laert. VII, 143). Damit war die Gegenthese von der Vielheit der Welten Epikur als prägnanter Ausdruck und als Konsequenz seiner Bestreitung der kosmischen Teleologie nahegelegt. Das antike Modell des Kosmos als einer endlichen und abgeschlossenen Binnenstruktur ermöglichte die Vorstellung der gleichzeitigen Existenz einer Vielheit von Weltgehäusen, die durch den leeren und ontologisch als nichtig verstandenen Raum gegeneinander absolut isoliert gedacht waren. Dieser zwischenweltliche Raum war als physische Realität so bezugslos zu den Kosmoi, daß Epikur ihn als den Ort seiner um die Welten unbekümmerten Götter ansetzen konnte.[3] Die Unwahrscheinlichkeit, daß es unter den Prämissen des Atomismus überhaupt eine Welt gibt, geschweige denn deren viele, hat Epikur keine Schwierigkeiten gemacht, weil er hier bedenkenlos wieder mit einem teleologischen Rückhalt arbeiten konnte: man kann es nicht für wahrscheinlich halten, daß die Unzahl der Atome außerhalb unserer eigenen

3 Erst Newtons Begriff des krafterfüllten Raumes (Gravitation) sollte der Unweltlichkeit und physischen Irrealität des Raumes ein Ende setzen. Mit dem Rückblick auf den antiken Atomismus wird erst verständlich, was der Übergang vom »leeren« zum »absoluten« Raum ontologisch bedeutet. Damit erst wird die Vorstellung von der Gleichzeitigkeit vieler Welten problematisch und der Raum zum »Medium« der Einheit des Universums. Zugleich wird das theologische Rudiment des Raumes als des göttliches Sinnesorgans der Allgegenwart sinnvoll. Der Plural »Welten« ist seither frei zur metaphysischen Verwendung für die Heterogeneität menschlicher Inbegriffe der Realität und des Verbindlichen. Kant hatte, gleichsam Epikur und Newton harmonisierend, das All »eine Welt von Welten« genannt (Werke ed. Cassirer I, 257), später nüchterner »das Ganze so vieler Systeme ... die wir unrichtigerweise Welten nennen ...« (WW V, 523). Die Geschichte dieses Plurals verdiente, geschrieben zu werden.

Welt unnütz und untätig nichts zustande gebracht haben sollte (Lukrez II, 1052/57: *nullo iam pacto veri simile esse putandumst ... nil agere illa foris tot corpora materiai*). Das ist der alte metaphysische Satz, daß die Natur keinen vergeblichen Aufwand treibt. Aber so wenig es bei Epikur im Grunde zufällig ist, daß es überhaupt Welten gibt, so wenig ist das noch Unwahrscheinlichere zufällig, was dabei herauskommt, wenn aus dem Atomwirbel eine Welt entsteht. Wie selbstverständlich gleichen diese Welten einander, eingeschlossen die fraglose Selbstverständlichkeit, daß es in jeder Menschen gibt. Im Grunde – und auf diesen emotionalen Effekt dürfte es Epikur vor allem angekommen sein – ist das Chaos der Atomwirbel von einer beruhigenden und die traditionellen Gewährleistungen der Götter überbietenden Zuverlässigkeit. Der stoischen Kosmosbewunderung und ihrer theologischen Konsequenz wird entgegengestellt das entschiedene *non est mirabile* (Lukrez II, 308). Daß es Kosmos gibt, ist das Nächstliegende, eben das »Natürliche« und als solches für den Menschen ganz Unbeachtliche.[4] Es ist leicht, die Wirksamkeit der Götter aus der Natur auszuschalten, wenn man dafür genügend »Konstanten« in den Weltprozeß einbauen kann; für unser Thema kommt alles

4 Cicero hat diesen Kernpunkt der epikureischen »Metaphysik« so formuliert: Docuit enim nos idem qui cetera, natura effectum esse mundum: nihil opus fuisse fabrica, tamque eam rem esse facilem, quam vos effici negatis sine divina posse sollertia, ut innumerabilis natura mundos effectura sit, efficiat, effecerit. (De nat. deor. I 20, 53 = Usener fr. 352) Die Pluralität der Welten manifestiert also ebendiese »Leichtigkeit« der Weltentstehung, die sich gegen die Annahme eines ›deus laboriosissimus‹ (ib. I 20, 52) abhebt. Das antitheologische Axiom »neque facta manu sunt« (Lukrez II 378) ist funktional ganz auf die Sicherung der Kosmizität des Kosmos abgestellt.

darauf an zu sehen, daß solche »Absicherungen« dem spätmittelalterlichen Nominalismus verwehrt waren – wodurch Epikur (ohne daß ihm diese extreme Konsequenz gegenwärtig sein konnte) recht bekommt, wenn er das theologische Moment nur als Unsicherheitsfaktor ansieht. Sein Chaos freilich mußte, um den Kosmos hervorbringen zu können, eine »ideale Unordnung« sein. Für die strenge Parallelität der Atombahnen im unendlichen Raum gibt es bei ihm keine physische Begründung. Die unendliche Menge der Atome ist von endlicher eidetischer Spezifikation, für die es keine andere Begründung gibt als das *quantum cuique datum est per foedera naturai* (Lukrez II, 302). Auf dieser juristischen Metapher, die mit dem Naturgesetz der Neuzeit nichts zu tun hat, sondern so etwas wie ein Ersatz für die causa formalis der klassischen Metaphysik ist, beruhen die immer wiederkehrenden Zusicherungen des *omnia constant*.[5]

Das Interesse der mittelalterlichen Scholastik am Gedanken der Pluralität der Welten liegt im Zuge der Systematisierung des Allmachtsprinzips. Der *potentia absoluta* korrespondiert eine Unendlichkeit möglicher Welten; gleichgültig geworden ist dabei, ob von diesen Möglichkei-

5 Lukrez I, 204: constat quid possit oriri; I, 586-588; II, 709: eadem ratio res terminat omnis; III, 787: certum ac dispositumst ubi quicquid crescat et insit (= V, 131); V, 56-58; VI, 906 f. Ein sinnfälliges Beispiel für die »Leistungsfähigkeit« dieses Konstantensystems ist die Erwägung der extremen Hypothese (nach der aus dem Pythokles-Brief geläufigen Methode), ob die Mondphasen als Prozeß ständigen Vergehens und Neuentstehens des Mondes erklärt werden könnten (V, 731-736): dazu bedürfte es der Annahme einer sehr exakten Wiederholung eines bestimmten Formationsprozesses, aber ebendas sei doch nichts Besonderes – ordine cum (videas) tam certo multa creari.

ten nur eine oder eine Vielheit verwirklicht worden ist. Entscheidend ist, daß die mögliche Vielheit nicht aus Exemplaren eines eidetisch konstanten Typus besteht, sondern daß das Widerspruchsprinzip die einzige Abgrenzung des Spielraumes der Variabilität der möglichen Welten ist. »Welt« ist zu einem Gattungsbegriff geworden, dem ein unübersehbares Reich von Spezifikationen und Individuationen logisch subsumiert werden kann. Die Idee der Pluralität der Welten steht in systematischem Zusammenhang mit der Erledigung des Universalienproblems durch den Nominalismus. Die Bestreitung der Realität der Universalien ist ja nicht primär eine logische Doktrin, sondern beruht auf der Unvereinbarkeit des Universalienrealismus mit der strengen Auslegung des Begriffes der Schöpfung aus dem Nichts. Das *universale* als ein in konkreten Exemplaren beliebig Wiederholtes und Wiederholbares verliert seinen Sinn, wenn das Universum des Möglichen unendlich wird und die Bedeutung aller Realität in der Manifestation einer unendlichen Macht gesehen wird. Schöpfung aus dem Nichts heißt, daß nichts vorgegeben ist, also auch, daß kein Seiendes ein anderes in der Gemeinsamkeit des Wesentlichen (essentiale) vorwegnimmt.[6] Die Einzigkeit der Welt folgt nicht mehr aus der Einzigkeit Gottes, weil Gott nicht mehr nur das Bewegungsprinzip dieser Welt, sondern das Prinzip ihres kontingenten Seinsbestandes ist.[7] Der theologische Vo-

6 Wilhelm von Ockham, I. Sent. dist. 2 q. 4 D: creatio est simpliciter de nihilo, ita quod nihil essentiale vel intrinsecum rei simpliciter praecedat in esse reali. Ein Realismus der Universalien hätte dagegen zur Folge, daß per consequens omnia producta post primum productum (sc. unius speciei) non crearentur, quia non essent de nihilo.

7 Johannes Buridan, Quaest. de caelo I q. 19: deus est simplicissimus, et

luntarismus wird dadurch möglich, daß Gott eine Entscheidung für eine Auswahl aus dem für ihn Möglichen zugeschrieben wird: *multa potest deus facere quae non vult facere* (Ockham, Quodl. VI q. 1). Entscheidend ist nun, daß dem Menschen verborgen ist, welche der möglichen Welten die ihm faktisch gegebene ist. Daß Gott nach nominalistischer Lehre seine *potentia absoluta* auf die Gesetzlichkeit der *potentia ordinata* eingeschränkt habe, hat für den Menschen zwar Heilsbedeutung, aber keinen Erkenntniswert. Der Wahrheitsanspruch des Menschen ist in eine hoffnungslose Position geraten: das Faktizitätsprinzip der Omnipotenz und das Ökonomieprinzip der Vernunft stehen einander unversöhnbar gegenüber. Die Ungewißheit der Konstanz und Verläßlichkeit der Natur kommen in der ängstlichen Neugierde zum Ausdruck, mit der an der Grenze von Mittelalter und Neuzeit nach den Belegen der eidetischen Unordnung in der Natur gesucht wird; die Kuriositätenkabinette der Zeit bestätigen anschaulich die angstbereite Ahnung der Nichtexistenz von *causae formales*.[8] Die Unbefragbarkeit des absoluten Willens konzentriert die Möglichkeit von Gewißheit auf den einzigen Fall der Offenbarung und der den Erwählten hinzugegebenen

Aristoteles credidit quod ab uno tali simplicissimo non posset provenire plura ... Sed vos scitis quod ista ratio non valet, quia ex fide credimus deum posse facere mundum, imo plures mundos, et posse etiam iterum eos destruere. Marsilius von Inghen (I. Sent. q. 43 a. 2) vertritt die These: deus potest producere universum specie specialissima distinctum ab isto universo.

8 Epikur hatte die Möglichkeit eidetischer Monstren (portenta) geleugnet; jedes Wesen halte sich an sein Formgesetz des Werdens: res quaeque suo ritu procedit et omnes foedere naturai certo discrimina servant (Lukrez, V 923 f.).

Glaubensgewißheit; für jeden anderen Gewißheitsanspruch ist Augustins Wort zu seiner letzten Konsequenz gebracht worden: *quare autem voluerit, o homo, tu quis es, qui respondeas deo?* (ep. 186, 23).

Ein letzter Gesichtspunkt, unter dem eine Konfrontierung Epikurs und des Nominalismus die Differenz zwischen der spätantiken und der spätmittelalterlichen geistigen Situation faßbar machen kann, ist die Auffassung von Stellung und Rang des Menschen. Man hat über die Ernsthaftigkeit der Götterlehre Epikurs viel hin und her argumentiert. Die Götter sind hier nicht nur deshalb kein konformistisches Rudiment, weil ein begründeter Deismus gegenüber einem unbeweisbaren Atheismus für Epikur argumentativ ein eindeutiger Vorteil ist, sondern noch mehr deshalb, weil die Existenz der Götter ein Modell seiner philosophischen Idee der Eudaimonie bietet, das durch einen zu wenig beachteten Kunstgriff für den Menschen affektiv relevant gemacht wird: daß die Götter menschengestaltig sein müssen, ist ein systematisches Element, das in der ursprünglichen Philosophie Epikurs eine wesentliche Stelle gehabt haben muß, was gerade daraus erhellt, daß die Begründung für diese These innerhalb der physikalischen Dogmatik Epikurs einen Fremdkörper darstellt. Cicero hat uns die kürzeste Formel dieser Begründung überliefert, die sich auf den Vorrang der menschlichen Gestalt und des menschlichen Wesens vor allen anderen stützt: *omnium animantium formam vincit hominis figura* (De nat. deor. I 18, 47f.). Die Isomorphie von Menschen und Göttern hat bei Epikur die systematische Funktion einer metaphysischen Garantie. Der in seinen Möglichkeiten sich wahrnehmende und verwirklichende Mensch lebt, wie es im Menoikeus-Brief heißt, »unter den Menschen wie ein Gott«. Und das heißt vor allem, daß er die Sorglosigkeit des Daseins der Götter teilt. Die Sorge ist nicht konstitutiv für den Menschen, sondern sie unterliegt der philosophischen Therapie. Für unser Thema läßt sich das so formulieren, daß der Mensch, der in diesem Kosmos sich zu dem frei macht, was er sein kann, die Last der Selbsterhaltung und Selbstbehauptung als eine ihm nicht wesensnotwendige Zumutung abwerfen kann.[9] Radikal anders wird die Stellung des Menschen im Nominalismus gesehen. Der kosmische Vorrang des Menschen muß bestritten werden, weil von einer Rangordnung der Wesen überhaupt nicht mehr einsichtig gesprochen werden kann: *non potest evidenter ostendi nobilitas unius rei super aliam* (Nicolaus von Autrecourt). Die christliche Theologie hatte den engen Zusammenhang zweier dogmatischer Grundaussagen systematisiert: die Gottebenbildlichkeit des Menschen und die Inkarnation Gottes als Mensch. Der Nominalismus hat zwar diese Aus-

9 Die eigentümliche Sonderstellung des Menschen kommt noch an einem anderen subtilen Zug des epikureischen Systems zum Ausdruck: zwischen dem schöpferischen »Unfall« der den kosmosbildenden Wirbel initiierenden Bahnabweichung eines Atoms und der menschlichen Selbstgewißheit der Freiheit gibt es einen Zusammenhang. Jenes principium quoddam, quod fati foedera rumpat (Lukrez II, 254), das Urereignis eines Kosmos, findet der Mensch in sich wieder als seine libera voluntas (256f.), als initium motus a corde (269). Was im Menschen wirklich ist (in pectore nostro quiddam 279f.), kann nicht aus dem Nichts entstanden sein, sondern gehört zum seminalen Bestand des Alls: id facit exiguum clinamen principiorum (292). Hier liegt eine Vermittlung zwischen Mensch und Welt: was die Welt möglich machte, ist kein fremdes und unzugängliches Prinzip, sondern es ist das, was der Mensch als sein innerstes Wesen wiederfindet.

sagen je für sich stehen lassen, aber er hat immer wieder ihren inneren Zusammenhang in Frage gestellt. Anselm von Canterbury hatte die Scholastik damit eröffnet, daß er glaubte, die zentrale Aussage des Christentums rational befragen zu können: *Cur deus homo?* Die Scholastik löst sich selbst auf, indem sie diesen ihren Ausgangspunkt in Frage stellt. Die Umformung des Gottesbegriffes nach dem aristotelischen Modell in der Hochscholastik machte es schwer, den Menschen als den letzten Bezugspunkt der göttlichen Zuwendung zu behaupten. Nicht nur die Welt konnte nicht mehr um des Menschen willen geschaffen sein, sondern auch die Menschwerdung Gottes durfte nicht mehr im Menschen ihr Telos haben, trotz der so eindeutigen nicaenischen Formel *propter nos homines … homo factus est.* Die eigentümliche Lehre von der absoluten Prädestination Christi bei Duns Scotus verwandelt das *propter nos homines* in ein *propter se ipsum.* Wenn der Gottessohn von Ewigkeit her zur Inkarnation vorbestimmt war, dann geschah dies nicht mehr um des von den Menschen verwirkten Heiles willen, sondern Welt und Mensch konnten in totaler Umkehrung überhaupt nur um der Inkarnation des Gottessohnes willen geschaffen worden sein; dafür konnte man sich sogar auf Paulus berufen (Kol. I 15-16). Die Metaphysik schreibt der Theologie vor, daß es Gott bei Welt und Mensch im Grunde nur um sich selbst gehen kann. Der Leitfaden des Schöpfungsgedankens für das menschliche Selbstverständnis reißt ab, weil der alte, von Markion zuerst erkannte Widerspruch zwischen Schöpfungslehre und Christologie nun zu einer perfekten Theozentrik treibt. Man kann den Nominalismus als die Explikation des *prop-*

ter se ipsum darstellen. Die letzte Konsequenz ist, daß er leugnen konnte, es ließe sich ein Grund angeben, aus dem Gott für seine Inkarnation die *menschliche* Wesenheit gewählt habe; auch hier gilt die nominalistische Standardformel: *potius factus est homo, quia voluit, sicut potius assumpsit naturam nostram quam aliem, quia voluit* (Ms. Mon. Cod. lat. 8943 fol. 108 r. nach Hochstetter). Hier entspringt eine Radikalität der Infragestellung des Menschen, durch die jeder Anhalt für seine Stellung in einer Ordnung des Wirklichen entzogen wird. Es gibt im Hellenismus keine vergleichbare Position, die dem Menschen das, was er ist und sein kann, derart akut zur Sorge werden ließ.

Nach dieser vergleichenden Analyse der Voraussetzungen läßt sich leicht verständlich machen, daß in der Spätantike und im Spätmittelalter ganz heterogene Welthaltungen induziert wurden. Es gibt in der hellenistischen Philosophie verschiedene Formen der Abwendung des Menschen vom Kosmos und vom Ideal der Theorie, aber es gibt hier nicht das Problem der Selbstbehauptung. Was Epikur dem hellenistischen Menschen empfiehlt, kann man als die *Neutralisierung* seines Bezuges zum Kosmos bezeichnen. Aber diese Empfehlung ist nur möglich, weil der Kosmos als letzte Implikation des Weltverstehens fortdauert. Die Physik Epikurs, die mit ihren 37 Büchern in seinem Werk einen breiten Raum einnahm und historisch das wirksamste Element seiner Philosophie bleiben sollte, ist in ihrer Methodik ganz dem Ziel der Neutralisierung des Wahrheitsinteresses untergeordnet. Nicht ein theoretischer Anspruch auf Wahrheit soll befriedigt werden, sondern die »Gleichgültigkeit« der physikalischen Probleme für die Gestaltung des Lebens in der Welt ist ihre Zwecksetzung. Hier liegt, trotz ganz verschiedener erkenntnistheoretischer Ansätze, eine wesentliche Gemeinsamkeit mit dem Skeptizismus und seinem Ideal der ἐποχή. Hätte der Mensch nicht den ständigen Verdacht, die Natur »ginge ihn etwas an«, was sich sowohl in leichtfertigem Vertrauen als auch in Furcht bezeugen kann, dann wäre Naturerkenntnis für ihn überflüssig.[10] Die physikalische Hypothese soll das Naturphänomen von seinem Affektgehalt befreien; in dieser Hinsicht ist es gleichwertig, ob wir eine eindeutige Erklärung des Phänomens besitzen oder ob wir für alle zur Erklärung in Betracht zu ziehenden Hypothesen feststellen können, daß sie den Menschen in seiner Lebensstimmung nicht zu affizieren brauchen. Epikurs hypothetische Methode ist auf die zweite Möglichkeit konzentriert. Es kommt auf die vollständige Übersicht der Erklärungsmöglichkeiten an, nicht auf die begründete Entscheidung für eine dieser Möglichkeiten. Wie der Pythokles-Brief zeigt, dürfte sich Epikur für die Sicherung der Vollständigkeit seiner Hypothesen-Kataloge auf die doxographische Sammlung verlassen haben. Das Ergebnis zu jedem einzelnen Problem ist immer nur die »Gleichgültigkeit« aller möglichen Lösungen für uns. Mag die hypothetische Methode Epikurs auch der Denkweise der frühneuzeitlichen Naturwissenschaft formal noch so ähnlich sein, ihre Funktion ist eine radikal andere: sie will die Phänomene nicht objektivieren, sondern neutralisieren.

Dieser Unterschied läßt sich vielleicht so näher bestim-

10 Ratae sententia XI (Diano p. 14): εἰ μηθὲν ἡμᾶς αἱ τῶν μετεώρων ὑποψίαι ἠνώχλουν καὶ αἱ περὶ θανάτου, μή ποτε πρὸς ἡμᾶς ῃ τι … οὐκ ἂν προσεδεόμεθα φυσιολογίας.

men, daß man sagt, die Objektivierung habe die immanente Intention auf die Verifikation einer Hypothese, während die Neutralisierung zwar Ungewißheiten ausschließen, nicht aber Gewißheiten schaffen will. Die entscheidende Folgerung aus dieser Differenz ist aber, daß Erkenntnis bei Epikur nicht auf Herrschaft über ihren Gegenstandsbereich gerichtet ist; was Descartes vorschwebte, die Menschen zu *maîtres et possesseurs de la nature* zu machen, wäre Epikur nicht als Bedingung für die Möglichkeit menschlicher Daseinserfüllung erschienen. Mit anderen Worten: dem Erkenntniswillen Epikurs fehlte das, was man die »technische Implikation« nennen könnte; er will das Phänomen distanzieren, nicht produzieren können. Herrschaft über die Natur ist keine Voraussetzung dafür, sich selbst genug sein zu können: *si cui sua non videntur amplissima, licet totius mundi dominus sit, tamen miser est*. (Diano fr. 64)

Aber ebendieser Weg, der Ordnungskrise des Weltbildes in die Genügsamkeit und Unangefochtenheit des Selbstbesitzes sich zu entziehen, war am Ausgang des Mittelalters versperrt; der Zugriff der Infragestellung war zu tief in den Wesensbestand des Selbstbewußtseins und Weltverhältnisses eingedrungen. Die spezifische Differenz der Voraussetzungen zu erfassen, hat mir eine Bemerkung geholfen, die in Heisenbergs Buch »Physik und Philosophie« zur Gegenüberstellung von antiker Atomistik und moderner Quantentheorie gemacht wird; Heisenberg sagt, die Sätze der modernen Physik seien »sehr viel ernster gemeint als die der griechischen Philosophen«. Das ist für den philosophischen Leser auf den ersten Blick eine recht ärgerliche Behauptung; aber je mehr man ihrer möglichen Berechtigung nachgeht, um so zutreffender und aufschlußreicher erscheint sie. Es ist wirklich eine neue Art von »Ernst«, die den Erkenntniswillen der anbrechenden Neuzeit prägt und durchstimmt, und ich glaube, daß das mit unserem Thema wesentlich zu tun hat und von unserer These her seinen tieferen Sinn erhält. Die eigentümliche hypothetische Liberalität und Unverbindlichkeit der atomistischen Physik Epikurs, die der Insistenz auf Verifikation entbehren konnte, beruht, wie ich zu zeigen versuchte, auf der Unversehrtheit eines »Ordnungsrestes«, durch den die Daseinsproblematik des Menschen wohltätig verschleiert erscheint. Der neue Ernst, der aus der spätmittelalterlichen Situation dem Menschen auferlegt ist, besteht in dem ständigen und unablösbaren Zwang der »Bestätigung«, und zwar nicht nur der theoretischen Aussagen, sondern der an ihnen hängenden Möglichkeit der Selbstbehauptung durch Beherrschung der Wirklichkeit, letztlich der in solcher Herrschaft zu bewährenden neuen Selbstdefinition des Menschen. Descartes hat diese neue Anspannung mit Recht eine *laboriosa vigilia* genannt (Medit. I, 12). Die Ausgrenzung und Absicherung eines Bereiches unanfechtbarer Gewißheit läßt sich als der Antrieb erkennen, der in der nominalistischen Schule selbst eine neue Logik und Erkenntnistheorie hervorbringt. Das menschliche Interesse an dem, was auch der *potentia absoluta* entzogen bleibt, substituiert sich unvermerkt dem theologischen Interesse, das im Durchdenken der Möglichkeiten der Allmacht sich erfüllt. Die *Deus non potest*-Sätze, in denen die nominalistische Logik sich formuliert, sind der eigentliche und nachhaltige Ertrag der *Deus potest*-Spekulation. Das ist genau der Punkt, an dem die theologische Formel nur noch wie eine solche aussieht, in Wirklichkeit aber die logische Autonomie des Menschen umschreibt. Indem die Theologie das absolute Interesse Gottes zu vertreten meinte, ließ sie das Interesse des Menschen an sich selbst und seine Sorge um sich selbst absolut werden, das aber heißt: die Stelle seiner theologischen Ansprechbarkeit besetzen. In der Erkenntnistheorie wird die Kritik an der aristotelischen Rezeptivität des Erkenntnisaktes durch dasselbe Interesse ausgelöst.[11]

Das Ergebnis der spätmittelalterlichen Ordnungskrise läßt sich beschreiben als Autonomisierung der menschlichen Leistungssphäre, als Ablösung der rezeptiven Bindungen an eine vorgegebene und den Bereich der Möglichkei-

11 Johannes von Mirecourt, Apologia I prop., 45 (ed. Stegmüller) macht diesen Sachverhalt überaus deutlich: wenn sensatio und intellectio nur qualitates (= passiones) des Erkenntnisorgans wären, würde alle Erkenntnis unmittelbar unter der Bedingung des Willens Gottes stehen, denn die Bewirkung einer qualitas ist das, quod Deus se solo posset ... Ist die Erkenntnis aber eine actio des erkennenden Subjekts, dann kann ein Eingriff in den Erkenntnisakt nur über dieses als causa secunda erfolgen: nullam actionem causae secundae posset Deus agere se solo ... (Sentenzenkommentar des Joh. v. Mirecourt nach Stegmüller). Der Autor wagt nicht, sich unter den von ihm vorgetragenen Grundauffassungen des Erkenntnisaktes für die These der vera actio animae klar auszusprechen; aber wo sein »Interesse« liegt, wird deutlich genug: Secundam tamen (sc. opinionem) libentius dicerem si auderem. Eligat studens quam voluerit. Die ganze nominalistische Theorie der Begriffsbildung muß von diesem Ansatz her verstanden werden; der Begriff ist nicht mehr das rezeptiv eingebrachte »Naturprodukt« der species abstracta, sondern ein arte factum, ein Werkzeug für eine Leistung, der Entstehung nach ein figmentum. In der Logik findet die Autarkie des Subjekts ihr Modell in der necessitas ex hypothesi, also solchen Sätzen, deren Evidenz fortbesteht – ipsa re simpliciter destructa (Ockham, Sent. Prol. I 1 GG). Hier ist wieder mit einem Gott gerechnet, dem annihilatio genauso zuzutrauen ist wie creatio.

ten ausschöpfende Welt. Die Kritik der Teleologie ist deshalb das Kernstück dieses geistigen Prozesses, weil sie die Klammer der Verbindlichkeit zwischen Welt und Mensch löst. Die Naturwelt Gottes und die Werkwelt des Menschen treten als in sich geschlossene Funktionskreise auseinander. Das ließ sich durchaus noch in der Sprache der teleologischen Begrifflichkeit ausdrücken. Ich konkretisiere das an einem Text aus dem Physikkommentar des Johannes Buridan (II q. 7: *utrum finis sit causa*), in dem er die Unmöglichkeit eines innerweltlichen Zweckes für das göttliche Handeln feststellt und das Ergebnis so formuliert: »So ist denn Gott die Zielursache aller Naturdinge, der wirkenden sowohl als die Einwirkung empfangenden, bzw. der Wirkungen und der Veränderungen. Wenn sich dies so verhält, dann ist, abgesehen von Gott, der Mensch, der ein Haus baut, die Zielursache, derentwegen er das Haus baut, und also die Zielursache seines Hauses, denn er baut das Haus für sich selbst und zu seiner Selbsterhaltung, und wenn er es des Gelderwerbs wegen baut, tut er es auch dann um seiner selbst willen, und wenn er es für seine Kinder und Freunde baut, geschieht es letztlich immer noch um seiner selbst willen, indem er diese sich selbst gleichachtet und ihr Wohl als sein eigenes Wohl betrachtet ...«[12] Was an diesem Text auf-

12 Sic enim Deus est finis omnium naturalium, sive activorum sive passivorum vel etiam actionum et transmutationum. Sic enim stando, citra Deum homo faciens domum est finis gratia cuius facit domum, et est sic finis domus eius, quoniam ipse facit domum propter seipsum et salutem suam, et si facit eam propter pecuniam habendam, adhuc illa erit propter seipsum, et si facit eam propter filios et amicos, adhuc est finaliter propter seipsum, quia reputat illos tamquam ipsum et bonum ipsorum tamquam bonum suum ...

regend und instruktiv ist, ist der unmittelbare Sprung von der göttlichen Schöpfung und ihrer Rückbezogenheit auf den Schöpfer auf das menschliche Werk und seine reflexive Sinnstruktur und die völlige Identität der für beide Bereiche angewendeten Terminologie. Man darf das *Sic enim stando* durchaus kausal verstehen und die immanente Rückbezogenheit der Natur auf ihren Urheber als den Grund dafür annehmen, daß der Mensch darauf angewiesen ist, für sich selbst und seine Selbsterhaltung in seiner Werkwelt zu sorgen. Die theozentrische Struktur bedingt und erzwingt die anthroprozentrische. Nach dem Warum kann der Mensch nur seine eigenen Werke befragen; er kann nicht wissen, welchen Ordnungswert und Zuverlässigkeitsgrad es ihm verbürgt, daß Gott der *finis omnium naturalium* ist. Die Vermutung, daß diese Formel für den Menschen nichts bedeutet, worauf er sich in seiner Existenz verlassen könnte, ist die Basispräsumtion der Neuzeit und ihrer wesentlichen Technizität.

Vielleicht ist es gut, wenn ich nicht mehr über diesen Text sage, sondern den Versuch mache, ihn durch einen Kontrast noch deutlicher zum Sprechen zu bringen; ich wähle dazu einen Text aus dem 12. Jahrhundert,[13] der mit

13 Sententiae Divinitatis (aus der Schule des Gilbertus Porretanus) ed. B. Geyer, tr. 1 q. 1: Respondemus et dicimus, quod facturus erat Deus hominem ad se laudandum et glorificandum, qui loco indiget; ideoque mundum creavit quasi domum, in qua hominem poneret, cuius consideratione in eius cognitione et dilectione homo proficeret. Wichtig ist, daß die Quaestio anstelle des obligaten Videtur quod non in freier Zitation die augustinische Antwort (vielmehr: Frageabweisung) auf diese Frage angibt: Deus creavit, quod voluit, sed cur voluerit, non est quaerendum ... und, mit einer respektvollen Distinktion die Autorität umgeht. – Zwischen den beiden vorgelegten Texten

der Metapher des Hausbaus eine sinnfällige Beziehung zu der zitierten Stelle aus Buridans Physikkommentar bietet. Auf die Frage nach dem Motiv der Weltschöpfung wird geantwortet: »Als Gott den Menschen schaffen wollte, der ihn loben und verherrlichen sollte – ein Wesen, das einer Unterkunft bedarf –, schuf er die Welt gleichsam als ein Haus, in das er den Menschen setzen könnte und durch dessen Betrachtung der Mensch zur Erkenntnis und Liebe Gottes gelangen sollte.« Die Differenz der beiden Texte ist in ihrer Deutlichkeit unübersehbar: in dem älteren Text ist der Mensch das zuerst konzipierte Geschöpf und das Motiv für die Errichtung des Weltbaus als einer allen seinen Bedürfnissen vorsorgenden Unterkunft, in dem jüngeren Text sieht man den Menschen in der ihm verfremdeten Naturwelt sich seinen angemessenen und schützenden Ort selbst einrichten. In dem älteren Text steht zwar das Motiv der *glorificatio*, aber es ist hier eine auf den Menschen gerichtete Erwartung Gottes, zu deren Erfüllung die kosmische Vorsorge Gottes dem Menschen erst Antrieb und Grund bieten sollte; die Freisetzung von der Selbstbehauptung gewährleistet der Betrachtung der Natur ihren theoretisch reinen und gottzugewandten Sinn.

Die Rede vom Ordnungsschwund als geschichtlichem Prozeß verdeutlicht sich, wie ich hoffe. Die zur frühen Neuzeit hinführenden Erscheinungen des späten Mittelal-

steht, mit sehr charakteristischen Übergangs- und Umformungsmerkmalen, der Physikkommentar des Thomas von Aquino [zu Physik II 2; 194 a 28 ff. (II lect. 4 n. 8)]; ich habe die Ambivalenz in der Tradition der Kommentierung dieser Aristoteles-Stelle in Studium Generale X (1957) 2, S. 71 behandelt. Vgl. ferner meinen Artikel »Teleologie« in RGG³ Bd. V.

ters hat man gern als Vorwegnahmen des epochalen Umbruches gesehen, als eine Art von vorneuzeitlicher Aufklärung, die nur aus Vorsicht ihre emanzipatorische Absicht und Potenz zurückgehalten hätte. Die Neuzeit hat sich von ihren Anfängen an als den resoluten Widerspruch zum Mittelalter interpretiert und ihre geschichtliche Legitimität aus dem Anschluß an die vermeintlich abgebrochene Antike hergeleitet. Demgegenüber versuche ich zu zeigen, daß die Neuzeit sich nicht als Widerspruch, sondern als Erwiderung auf die immanente Infragestellung des Mittelalters formiert hat. Die frühen Formen der Teleologiekritik sind noch ganz mittelalterlich, ganz von dem Pathos getragen, die Größe Gottes vergrößern zu können, indem die Sinnhaftigkeit der Welt gegenüber dem Menschen bestritten wird. Man darf sich aber auch nicht dadurch täuschen lassen, daß die Sprache von hoher Trägheit ist: die späte Scholastik kann vielfach von Gott so sprechen, daß es sachlich bedeutet, von ihm abzusehen. Der hypothetische Atheismus, nach seiner vorzüglichen Anwendung auf das Problem des Naturrechtes durch Grotius als das »Grotianische Argument« bezeichnet, steckt als Implikation schon tief in den scholastischen Quästionen vom Typus des *utrum deus posset* ... Auch in dem harmlos aussehenden *citra deum* des vorhin zitierten Buridan-Textes ist das Postulat einer »methodischen« Sistierung verborgen: der sein Haus bauende Mensch sieht davon ab, daß Gott existiert, weil er die Härte der Notwendigkeit, der er zu entsprechen hat, akzeptieren will. Damit ist auch schon der Fundierungszusammenhang zwischen Selbstbehauptung und neuer Wissenschaftsidee am Anfang der Neuzeit berührt. Auch hier soll die Herausforderung angenommen und nicht verschleiert werden; Descartes hat sie im Argument des *genius malignus* sich vorgehalten, aber er hat – mittelalterlicher als es dem später ernannten »Begründer der Neuzeit« anstand – die Härte der Prämisse nur in einem Punkte durchgehalten und im übrigen den Ausweg des Gottesbeweises eingeschlagen. Aber es läßt sich jetzt zeigen, was die eingangs angeführte Beobachtung von Leibniz historisch bedeutet, daß theologischer Voluntarismus und physikalischer Mechanismus logisch gleichwertig seien. Der atomare Mechanismus, der bei Epikur in beziehungslosem Nebeneinander mit dem unweltlichen Leben der Götter stand, tritt jetzt in die Funktion ein, den hypothetischen Atheismus durchführbar zu machen. Descartes schickt seiner mechanistischen Kosmogonie im dritten Buch der Principia eine Erörterung der Wahrheitsproblematik seines Entwurfes voraus; er will die Frage nach der *genuina veritas* auf sich beruhen lassen (*malim hoc in medio relinquere*), weil es für seine Absicht auf den Wahrheitswert der Hypothese gar nicht ankommt, da wir aus der bloßen Möglichkeit des Zutreffens genausoviel an *utilitas ad vitam* entnehmen könnten wie aus der Sicherung ihrer Wahrheit selbst. Hier schließt der lateinische Text (III, 44); die französische Fassung (Adam-Tannery IX, 123) fügt die bezeichnende Begründung hinzu, daß die Hypothese der genuinen Wahrheit in der Hinsicht völlig gleichwertig sei, daß wir uns ihrer bedienen können, um über die natürlichen Ursachen so zu verfügen, daß wir die gewünschten Wirkungen hervorbringen können (*elle ne sera pas moins utile à la vie que si elle estoit vraye, pource qu'on s'en pourra servir en mesme façon pour disposer les causes naturelles à produire les effets qu'on desirera*). Die technische Verifikation fügt die Hypothese in den Funktionskreis der immanenten Teleologie der menschlichen Selbstbehauptung ein. Die Selbstbehauptung verwandelt den theoretischen Wahrheitsanspruch; sie verlangt keinen eindeutigen Zusammenhang zwischen Prinzip und Phänomen und besteht nicht auf der Frage, wie die Natur diesen Zusammenhang realisiert habe, wenn nur der Nexus für die Produktion des identischen Effektes hergestellt werden kann. Die Macht, Ereignisse vorauszusehen oder zu verändern, die Auguste Comte als Ziel der positiven Wissenschaft formulieren sollte, war von Anfang an der Selbstbehauptungssinn der neuzeitlichen Wissenschaft. Das Können »ergab« sich nicht erst aus dem Erkennen, sondern bestimmte ihm von vornherein seine Ökonomie und die Strenge seiner Verifikationsauflage. Der Mensch wetteifert nicht mit der *potentia infinita*, die in der Natur eine ihrer unendlich vielen Möglichkeiten verwirklicht hat – und zwar eine für uns nicht identifizierbare –, sondern er akzeptiert seine Endlichkeit, indem er sich jeweils auf die für ihn konstruierbare Möglichkeit beschränkt. Der positivistische Grundzug, der in der neuzeitlichen Wissenschaftsgeschichte immer ausgeprägter hervortritt, gehört schon in das ursprüngliche Selbstbehauptungssyndrom. Die definierte Ausschaltung »überflüssiger« Fragestellungen, das Haltmachen vor einem ontologischen Wahrheitsanspruch kommen nicht aus einem Mangel an theoretischer Ernsthaftigkeit, sondern aus der Konkurrenz der Selbstbehauptungsnötigung mit dem theoretischen Ideal. Für den Menschen wird, nach der berühmten Formel Bacons, das *utilissimum* zum Kriterium des *verissimum*.

Gassendi, der die Philosophie Epikurs mit einem gegenüber der Wirkung des Descartes weithin unterschätzten Einfluß erneuerte, zeigt vielleicht am deutlichsten, daß die Situation der beginnenden Neuzeit ganz anders ist als die Epikurs. Robert Boyle schreibt mit Anspielung auf Gassendi: »Mit Recht sind gewisse moderne Philosophen dem Beispiele Epikurs gefolgt, indem sie sich damit begnügten, nicht jedesmal die vermeintlich wahre, sondern überhaupt nur eine mögliche Ursache der Erscheinungen anzugeben.« Diese Äußerung ist aufschlußreich, denn Boyle übersieht einen ganz entscheidenden Unterschied, der Gassendis Rezeption den Charakter einer dogmatischen Reproduktion Epikurs nimmt: Epikur wollte nicht nur eine mögliche Ursache der Naturphänomene angeben, sondern jeweils den ihm vollständig erscheinenden Katalog der möglichen Ursachen, um so die Irrelevanz der Entscheidung zwischen diesen Möglichkeiten für das menschliche »Gemüt« zu erweisen; Gassendi und seine Nachfolger dagegen suchen eine erweisbar mögliche Ursache für das Phänomen, da ihnen die Realisierung einer Möglichkeit genügt, um die Äquipotenz des Menschen mit der Natur zu gewährleisten. Dieser Unterschied mag allzu formal erscheinen; ich glaube aber, daß er die ganze Situationsdifferenz der Epochen einschließt.

Dieser Sachverhalt hat ein ganz bestimmtes pragmatisches Interesse an der Wiederbelebung der antiken Atomistik im Gefolge, das Epikur fremd gewesen war: in der Atomistik ebenso wie in Descartes' Lehre vom Urstoff wird die Natur auf ihre pure Materialität reduziert, und nur diese äußerste Diffusion aller Vorgegebenheitscharaktere der Welt konnte dem eben umrissenen neuen Wahrheitsbegriff mit seinem Verzicht auf die klassische *adaequatio* seine technische Effektivität sichern. Wenn Technik das innerste Ziel des Erkenntniswillens war, dann entsprach dem in letzter Konsequenz nur eine Sicht der Welt als Reservoir an Material. Die Selbstbehauptung ist also nicht nur Erwiderung auf den Ordnungsschwund; von einem bestimmten Punkt an treibt sie die Nivellierung der vorgegebenen Weltstruktur voran, um gleichsam das »Ausgangsniveau« für eine konstruktive Neukonzeption zu gewinnen.

Ein eindrucksvolles Beispiel, wie dieses Schema auch in übertragener Anwendung auf Probleme der Menschenwelt wirksam wird, bietet die Staatsphilosophie von Hobbes. Der klassische Satz: *natura dedit omnia omnibus* wird zum Ansatz der staatsphilosophischen Ordnungskonstruktion. Seiner Herkunft nach ist dieser Satz ein naturrechtliches Axiom der Stoa mit einem eindeutig teleologischen Hintergrund; weil die Natur alles für die Bedürfnisse des Menschen zureichend disponiert hat, bedarf es nur noch der rechten Verteilung der Güter, um den Naturzweck zu erreichen, nicht aber des privaten Eigentums, das bei den Stoikern als eine Form mißtrauischer Ängstlichkeit gegenüber der Natur erscheint. Der Satz kritisiert die positive Rechtsordnung von dem natürlichen Ordnungsprinzip her, ohne damit schon die Aufhebung der positiven Rechtsverhältnisse zu fordern, wie man bei Cicero sehen kann. Hobbes hat aus diesem Satz etwas radikal anderes gemacht: der Satz gibt jedem Individuum im natürlichen Zustand das Recht nicht nur auf die Erfüllung seiner Bedürfnisse, sondern auf alles ihm überhaupt Erreichbare, so daß jemand, der mächtig genug wäre, alles ihm Beliebende in seine Verfügung zu bringen, dazu von Natur aus ermächtigt wäre. Religionsphilosophisch impliziert dieses Prinzip, daß die Allmacht das Recht zu jedem ihr beliebenden Akt hat: *ius dominandi ab ipsa potentia derivatur* (De cive XV, 5). In der Menschenwelt ist dieser Urzustand des *ius omnium in omnia* das vollendete Chaos; das Naturrecht erzeugt völlige Rechtlosigkeit (De cive I, 11). Die Auflösung dieses Selbstwiderspruches im Naturzustand führt zur Konstruktion des politischen Rechtszustandes, also zur Ableitung des Politischen aus der immanenten Konsequenz des Natürlichen. Der Nullpunkt des Ordnungsschwundes und der Ansatzpunkt der Ordnungsbildung sind identisch. Das Minimum an ontologischer Disposition ist zugleich das Maximum an konstruktiver Potentialität. Von hier aus ist es ein naheliegender Schritt, das staatsphilosophische Modell, das die absolute Gewalt im Staate begründen soll, umzusetzen in eine politische Maxime, die in der Herbeiführung der Anarchie die aussichtsreichste Möglichkeit für die Formierung einer gerechten Ordnung sieht.

Hobbes selbst hat eine Grenze der immanenten Ordnungskonstitution angegeben; in der Widmungsvorrede zu De cive vergleicht er die Moralphilosophie mit der Geometrie – sehr zum Vorteil der letzteren –: wenn die Moralphilosophen die *ratio actionum humanarum* einigermaßen geklärt hätten, gäbe es schon keine Kriege mehr – mit einer Ausnahme, *nisi de loco, crescente scilicet hominum multitudine*. Das Anwachsen der Menge der Menschen macht den Krieg um Lebensraum unvermeidlich. Die Drohung der Übervölkerung, dieses charakteristische Motiv der neuzeitlichen Bestreitung einer natürlichen Teleologie, ist hier zum ersten Male angedeutet. Der Gedanke führt geradenwegs zu Malthus und seinem *Essay on the Principle of Population* von 1798. Wieder setzt sich hier die Präsumtion des Ordnungsschwundes in die Prävention der technischen Verfügbarmachung des Prozesses um. Als Charles Darwin im Jahre 1838 das Buch von Malthus kennenlernte, schrieb er: »Hier hatte ich endlich eine Theorie, mit welcher ich arbeiten konnte.« Erst Darwin hat durch seine biologische Generalisierung das Unordnungsaxiom der Übervölkerung und des aus ihr entstehenden Kampfes ums Dasein als das Ordnungsprinzip der Selektion und der durch sie angetriebenen Evolution der Organismen erkannt. Dabei ist nicht primär der theoretische Erklärungswert wesentlich, sondern die Anwendung des immer sich wiederholenden Schemas der mechanistischen Welterklärung, die Unordnung zum immanenten Potential der Ordnungsbildung zu transformieren. Der schreckliche Gedanke, die Selektion wiederum technisch verfügbar zu machen und durch »Maßnahmen« Evolution zu erzeugen, war nicht eine zufällige Aneignung eines bereitliegenden Gedankens, sondern hat nur die innere Tendenz der neuzeitlichen Wissenschaftsidee ins Maßlose übersteigert. Hier ist nicht von unausweichlichen geschichtlichen Gesetzmäßigkeiten die Rede: Konsequenzen bieten sich an, sie werden ergriffen, aber sie vollstrecken sich nicht »von selbst«. Die Nationalökonomie als Wissenschaft ist nicht weniger vom Axiom des Mangels an Naturgütern ausgegangen und löst sich erst heute mühsam von diesem Ausgangspunkt. Nicht Erfahrungen und Schlüsse aus Erfahrungen haben diese Basis bestimmt, sondern die aus dem dargestellten Zusammenhang von Ordnungsschwund und Selbstbehauptung genährte Vorwegnahme dessen, was Erfahrungen »bedeuten« und erschließbar machen. Immer weniger sind Weltenge und Gütermangel elementare Drohungen, immer mehr werden sie die Anlässe, in der Selbstbehauptung jene Selbstbeständigkeit des Menschen zu vollziehen, von der eingangs gesprochen wurde. Was damit gesagt sein soll, kann ich nochmals mit einem Satz, der freilich erst und nur im 19. Jahrhundert gesagt werden konnte, illustrieren: »... je kleiner die Welt, um so größer der Mensch.«[14]

14 Max Maria von Weber zit. bei Ernst Schnabel, Deutsche Geschichte im 19. Jahrhundert III (2. Aufl. 1950) S. 240. Enge, sei sie natürlich, sei sie durch die Technik (des Verkehrswesens z. B.) hergestellt, bedrängt nicht nur, sondern steigert zugleich das in der Kommunikation liegende Potential. Auch hier das Schema der »Umkehrung« des Ordnungsschwundes.

V Editorische Notiz

I

In einer Reihe von Anläufen hat Hans Blumenberg die Neuzeit als Epoche beschrieben, in der die Vorstellung einer für den Menschen gemachten und um den Menschen bedachten Natur ihre Plausibilität verliert. Im Auseinandertreten von handlungsrelevanten Weltbildern und naturwissenschaftlichen Weltmodellen wird diese Wende vom mittelalterlichen zum neuzeitlichen Wirklichkeitsbegriff greifbar.[1] Während mit letzterem ein Stand der Naturwissenschaften erreicht ist, der eine Gesamtheit systemrelevanter Vorstellungen in ein Weltmodell integriert, zeigt sich das Orientierungswissen, das die jeweiligen Weltbilder bereithalten, von solchen Modellen entkoppelt. Im Schwinden ontologischer Letztbegründungen verlieren Lebensformen so ihren Rückhalt in der Natur oder im göttlichen Willen. Dieser Wegfall einer im Mittelalter noch garantierten Realität geht in Blumenbergs Modellierung der Schwelle zur Neuzeit Hand in Hand mit der Steigerung des konstruktiven Zugriffs auf Wirklichkeit. In dem Maße, in welchem dem neuzeitlichen Menschen die Welt als ordnungslos erscheint, wachsen die Anforderungen an seinen Selbsterhaltungs- und Selbstbehauptungswillen. »Das Ergebnis der spätmittelalterlichen Ordnungskrise läßt sich beschreiben

1 Zur Unterscheidung von Weltbild und Weltmodell vgl. Hans Blumenberg, »Weltbilder und Weltmodelle«, in: *Nachrichten der Gießener Hochschulgesellschaft* 30 (1961), S. 67-75, sowie *Die Legitimität der Neuzeit*, Frankfurt/M.: Suhrkamp 1996, S. 473, Anm. 310.

als Autonomisierung der menschlichen Leistungssphäre, als Ablösung der rezeptiven Bindungen an eine vorgegebene und den Bereich der Möglichkeiten ausschöpfende Welt.« (in diesem Band, S. 125 f.)

Mit dieser Feststellung ist der Endpunkt einer historischen Entwicklung ebenso markiert wie ein Neueinsatz, der das Verhältnis zwischen (menschlicher) Natur und Technik auf eine neue Grundlage stellt. Dieses Verhältnis bedarf aus Blumenbergs Sicht einer veränderten Historiographie, für die seine Überlegungen zur *Geistesgeschichte der Technik* Bausteine liefern wollen.

Standen Blumenbergs Reflexionen der 1950er Jahre noch unter dem Eindruck einer klaren Differenz von Natur und Technik, distanziert er sich im Vor- und Umfeld der *Legitimität der Neuzeit* zunehmend von dieser Antithese. Das Dichotomienalphabet dieser Unterscheidung generiert ganz eigentümliche »Dämonologien«,[2] die auch in Blumenbergs frühen Arbeiten noch als Unbehagen an der Technik greifbar sind. Mit der Suggestion sicherer Unterscheidbarkeit wird nämlich zugleich ein Wertgefälle produziert: zwischen dem Künstlichen, Mechanischen, Mathematischen oder eben Technischen auf der einen und dem Natürlichen, Ideellen oder Geistigem auf der anderen Seite. Daß auch die Ideen selbst in wesentlichen Zügen technisch – und damit vielfach: handwerklich – präformiert sind, stellt Blumenbergs *Geistesgeschichte der Technik* diesen Dämonologien nun entgegen. »Denn zu dieser Geschichte gehört nicht nur

2 »Lebenswelt und Technisierung unter Aspekten der Phänomenologie«, in: *Wirklichkeiten in denen wir leben. Aufsätze und eine Rede*, Stuttgart: Reclam 1981, S. 9.

der Geist, *der* die Technik bewirkt, sondern auch der, *den sie* bewirkt.« (in diesem Band, S. 78f.) Bezüglich der Natur des Menschen hatte Blumenberg die Konsequenzen solcher Beobachtungen schon früher formuliert. »Der Mensch verdankt sich wesentlich sich selbst, er ist *›autotechnisch‹*.«[3]

Unter solchen Bedingungen verlieren die Dichotomien von Natur und Technik ihre Plausibilität. An ihre Stelle treten bei Blumenberg die Autokomposita der Selbsterhaltung, Selbstbehauptung und auch der Selbstermächtigung. Damit wird eine Nomenklatur vorgeschlagen, die den radikalen Umbrüchen der Neuzeit Rechnung tragen und sie dennoch nicht als heteronome Veränderungen erscheinen lassen soll. Der Umschlag vom ›theologischem Absolutismus‹ zur ›humanen Selbstbehauptung‹, den die *Legitimität der Neuzeit* darstellt, ist nicht durch externe Faktoren induziert, sondern aus den inneren Spannungen des mittelalterlichen Weltbildes begründet. Zugleich sollen die genannten Konzepte verhindern, daß die Unterscheidung von Natur und Technik, auch unter anderen Namen oder auf anderen Ebenen der Lebenswelt, wieder eingeführt wird. Der Naturpol verliert schlichtweg seine Funktion als Bezugspunkt für Nachahmungen, Widerspiegelungen oder Überformungen, wenn sich eine genuin ›menschliche Leistungssphäre‹ ausdifferenziert und autonom wird. Neues stellt sich in dieser Sphäre nicht mehr als Einbruch von außen dar, sondern emergiert aus Formprinzipien, in denen sich Elemente und Stellenwerte je neu und anders zueinander in Beziehung setzen.

3 »Technik und Wahrheit«, in: *Actes du XIème Congrès International de Philosophie*, Bd. II: *Épistémologie*, Amsterdam/Louvain, S. 119.

Prozesse der Umbesetzung, wie Blumenberg sie skizziert, arbeiten dem Verfall und der Entmachtung prinzipieller Grenzmarkierungen zu. Während das unbewaffnete Auge im 17. Jahrhundert seinen privilegierten Zugang zur Welt verliert und die Leistungen der Sinne als anfällig für Täuschungen aller Art gelten, schieben sich mehr und mehr technische Medien zwischen den Menschen und seine Umwelt. Mit den wissenschaftlichen Umbrüchen der Neuzeit und ihren technischen Neuerungen wie etwa dem Fernrohr wird so auch der prinzipielle Charakter der Unterscheidung zwischen dem Sichtbarem und dem Unsichtbarem fraglich. Der Sinnesapparat des Menschen wird im Zuge dieser Entwicklungen gleichsam neu erschaffen, die Revolution der anthropologischen Rahmenbedingungen zum Kennzeichen neuzeitlicher Selbsterfahrung. Galt das Jenseits der Erscheinungen – die Hinterwelt, als die Nietzsche die Metaphysik parodierte –, als Bezugsraum, der den menschlichen Sinnen prinzipiell verschlossen bleibt, werden solche Grenzen nun neu vermessen und erscheinen als relativ im Hinblick auf die technischen Möglichkeiten. Im Vorwort zu Galileo Galileis *Sidereus Nuncius* erwägt Blumenberg deswegen die Darstellung der Reformulierung solcher Grenzen unter dem Titel einer erst noch zu schreibenden »Geistesgeschichte des Unsichtbaren«,[4] der er später in der *Genesis der kopernikanischen Welt* ein Kapitel widmet. In dieser Geschichte nährt das Fernrohr nicht nur die Zweifel an der Zuverlässigkeit der Sinne, sondern wird,

4 »Das Fernrohr und die Ohnmacht der Wahrheit«, in: *Galileo Galilei: Sidereus Nuncius (Nachricht von neuen Sternen)*, herausgegeben und eingeleitet von Hans Blumenberg, Frankfurt/M.: Insel 1965, S. 14.

zugespitzt formuliert, zum Geburtshelfer einer neuen Theologie; der Mensch schafft sich neu im Spiegel seiner Instrumente und Geräte. Auch insofern ist »das Fernrohr die große, metaphysisch unerwartete und deshalb so relevante Überraschung der beginnenden Neuzeit«.[5]

Fragen der Geistesgeschichte hatte Hans Blumenberg verschiedentlich, prägnant jedoch vor allem in Abgrenzung gegenüber problemgeschichtlichen Ansätzen diskutiert. Schon in seiner für die *Legitimität der Neuzeit* wegweisenden Auseinandersetzung mit der Philosophin Anneliese Meier hatte er festgehalten, die problemgeschichtliche Arbeitsweise verfehle den »wesentlichen Akt geschichtlichen Verstehens«. Neue Strukturen ergeben sich demnach, wenn die vorhandenen Elemente eines Systems sich anders zueinander in Beziehung setzen. Vorstellungen werden zu Anachronismen, wenn sie ihre Funktion verlieren; ihre Zersetzung und Entmachtung sorgt umgekehrt dafür, daß sie als überholt gelten. »Was derart entbehrlich geworden ist, gibt seine ›Stelle‹ frei, in die dann weder Beliebiges noch eindeutig Determiniertes, sondern funktional Passendes einrükken kann.«[6]

Im Zusammenhang der gegen das Säkularisierungskonzept formulierten Abwehr substantialistischer Geschichtsbegriffe entwickelt Blumenberg dieses Modell der Umbildung geschichtlichen Sinns weiter. Der durchaus als Provokation ins Feld geführte Begriff der Geistesgeschichte gerät so ins Einzugsgebiet von Überlegungen, die zeitgleich

5 Ebd.
6 »Die Vorbereitung der Neuzeit«, in: *Philosophische Rundschau* 9 (1962), S. 91 f.

unter dem Begriff einer Metaphorologie firmieren. Die Schlußwendung der *Paradigmen* kennzeichnete ja ebenfalls die Neuverteilung der Plätze zwischen den Vor- und Hinterwelten. »Metaphysik erwies sich uns oft als beim Wort genommene Metaphorik; der Schwund der Metaphysik ruft die Metaphorik wieder an ihren Platz.«[7]

Daß es Probleme sein sollen, für die im geschichtlichen Verlauf Lösungen gesucht und gefunden werden, ist bei Blumenberg so allenfalls ein Sonderfall geschichtlicher Entwicklung. Eine Logik der Nachträglichkeit steuert, folgt man seinen Überlegungen, zu ihrem Verständnis wenig bei. Weder läßt sich das Verstehen sprachlicher Phänomene eingrenzen auf die Suche nach der Frage, auf die ein Text die Antwort geben soll, noch gehorcht die Geschichte technischer Entwicklungen der Abfolge von Problemen und ihren Lösungen. Zu einer angemessenen Historiographie naturwissenschaftlicher und technischer Neuerungen liegen problemgeschichtliche Betrachtungen ebenso quer wie Diagnosen zur Seinsvergessenheit.

Mit seinen Hinweisen auf die verschiedenen Möglichkeiten, Geschichte zu schreiben und damit auch ganz unterschiedlich zu modellieren, verweist Blumenberg auf die Notwendigkeit, die Verhältnisse zwischen Idee und Materie oder Geist und Technik fallweise zu bestimmen. In einer Darstellung, die sich jenseits der Punktualität von Chroniken, aber auch jenseits der Teleologie linearer Erzählmodelle der Logik geschichtlicher Bewegungen zu nähern suchte, wären demnach die Sprünge zwischen den jeweiligen Polen,

7 *Paradigmen zu einer Metaphorologie*, Frankfurt/M.: Suhrkamp 1997, S. 193.

die Topologie ihrer Umbesetzungen und Unentscheidbarkeiten zu berücksichtigen – nicht immer kann benannt werden, was Ursache geschichtlicher Entwicklungen und was Folge ist.

Blumenbergs Phänomenologie der Geschichte verzichtet auf die Isolation einzelner Quellen und Texte und nimmt sie statt dessen als Dokumente einer übergreifenden Dynamik in den Blick. Sie versucht so auch im Hinblick auf die Technik den Eindruck zu zerstreuen, es gebe substantielle Erklärungen für den Fortschritt bestimmter und das Zurückbleiben anderer Entwicklungen. Wenn Technisierung als Grundzug des neuzeitlichen Weltzugangs paradigmatisch Entlastung des Menschen von Verrichtungen ist, »die seine Anstrengung nur ein einziges Mal erfordern« (in diesem Band, S. 47, 78), zielt sie im Wesentlichen auf »Zeitgewinn für Zeitvertreib«.[8] Damit arbeiten die ›Autotechniken‹, die so als Signatur der Neuzeit kenntlich gemacht werden, Modellen der Selbststeuerung und einem Wirklichkeitsbegriff der »immanenten Konsistenz« zu. Dessen »hochgradige Affinität zur Simulation« wiederum hatte Blumenberg in einer späten wissenschaftsbiographischen Bemerkung zum Freiburger Vortrag und damit zur *Geistesgeschichte der Technik* hervorgehoben.[9]

8 *Beschreibung des Menschen*, Frankfurt/M.: Suhrkamp 2006, S. 616.

9 Vgl. UNF 2955 (Wir werden Kafkas Rat, zu Hause zu bleiben, befolgen müssen und können). Für diesen Hinweis danken wir Dorit Krusche (DLA Marbach). Vgl. auch Hans Blumenberg, »Vorbemerkungen zum Wirklichkeitsbegriff«, in: Günter Bandmann u. a., *Zum Wirklichkeitsbegriff*, Mainz-Wiesbaden 1974, S. 3-10.

II

Hans Blumenberg ist ein Autor, den es für die Historiographie naturwissenschaftlicher und technischer Entwicklungen nach wie vor zu entdecken gilt. Auch insofern ist es ein glücklicher Umstand, daß sich in Blumenbergs Nachlaß, der im Deutschen Literaturarchiv in Marbach aufbewahrt ist, eine Mappe findet, die unter der Sigle GT (GgT) seine Schriften zur *Geistesgeschichte der Technik* versammelt. An diesen von Blumenberg noch selbst zusammengestellten Mappen, die fast durchweg mit Kürzeln versehen sind und so thematisch zusammengehörige Texte kennzeichnen, waren die Herausgaben der vergangenen Jahre ausgerichtet und werden sich auch künftige Editionen orientieren. Dabei sind die Kürzel mehr oder weniger sprechend: mitunter sind sie nicht zweifelsfrei als Akronyme aufzulösen. In einigen Fällen ergänzt Hans Blumenberg zudem auch ein oder sogar mehrere Blätter mit mitunter mehreren möglichen Titeln einer offenkundig in Erwägung gezogenen späteren Buchpublikation.

Im Falle von »GT« scheint die Dekodierung eindeutig zu sein: Hans Blumenberg versammelte in dieser Mappe, dem Titel der Manuskripte folgend, Texte zum Motivkomplex »Geistesgeschichte der Technik«. Daher wurde dieser Titel auch für die vorliegende Edition gewählt – auch wenn die Kombination von »Geistesgeschichte« und »Technik« recht eigentümlich erscheinen mag. Doch genau auf diese Eigentümlichkeit kam es Blumenberg bei seiner theoretischen Positionsbestimmung an.

Aufgenommen wurden von den verschiedenen im Nachlaß überlieferten Fassungen der beiden ersten Texte dieses Bandes die offenkundig letzten Versionen. Gelegentliche handschriftliche Anmerkungen bzw. Korrekturen Blumenbergs sind durch eckige Klammern gekennzeichnet. Die von Blumenberg hand- und maschinenschriftlich vorgenommenen Hervorhebungen in seinem Referat (s. u.) wurden, auch wo sie uneinheitlich sind, durch Kursivierung kenntlich gemacht. So erscheinen etwa manche Namen im Text über »Methodologische Probleme einer Geistesgeschichte der Technik« hier nun hervorgehoben, andere nicht. Weiterhin wurden für die vorliegende Edition zwei weitere Texte berücksichtigt, die zum Themenkomplex der »Geistesgeschichte der Technik« gehören, selbst aber nicht Teil der Mappe sind: Die vermutlich von Blumenberg persönlich erstellte Zusammenfassung seines Referats auf der 27. Versammlung deutscher Historiker in Freiburg (14. Oktober 1967) mit der ebenfalls in den Tagungsberichten abgedruckten Diskussion sowie der Aufsatz »Ordnungsschwund und Selbstbehauptung. Über Weltverstehen und Weltverhalten im Werden der technischen Epoche« (1962). Dieser dokumentiert am deutlichsten die Wende in Blumenbergs Technikphilosophie.

Bei sämtlichen Texten wurden die Besonderheiten der Zitierweise und der bibliographischen Nachweise weitgehend beibehalten, auch wenn diese in den Texten unterschiedlich gehandhabt werden. Auf eine Komplettierung der (mitunter fehlenden) Nachweise wurde ebenso verzichtet wie auf eine Vereinheitlichung der bibliographischen Angaben und Zitate. Gleiches gilt für die fremdsprachigen Zitate, die daher – selbst wenn sie von Blumenberg einzig in lateinischer oder griechischer Fassung angegeben sind – nicht übersetzt wurden.

Zur *Geistesgeschichte der Technik* hatte Blumenberg nicht nur 1959 am Philosophischen Seminar der Universität Hamburg eine Vorlesung angeboten, sondern im Verlauf der 1960er Jahre bei verschiedenen Gelegenheiten vorgetragen. In einem Brief an Erich Rothacker vom 7. Februar 1958 verweist er zudem darauf, er habe diesen Plan, dem er »unbescheidenerweise den Arbeitstitel einer ›Geistesgeschichte der Technik‹ gegeben habe (was herauskommt, wird dann schon bescheidener firmieren!)«, schon seit zehn Jahren im Auge (Brief im DLA Marbach).

Im Nachlaß ist ein schwarzes Notizbuch erhalten, in dem die Vorträge und Vorlesungen verzeichnet sind. Ein weiteres Notizbuch enthält eine Liste veröffentlichter Texte, die jedoch unvollständig ist. Die Zusammenfassung des Freiburger Vortrags etwa und die anschließende Diskussion sind hier ebensowenig verzeichnet wie die zahllosen Zeitungsartikel, die Blumenberg unter seinem Namen, dem Namen seiner Frau oder sogar dem Namen seines Hundes veröffentlicht. Abgesehen von dieser Vielzahl der noch unedierten und bislang in keiner Bibliographie erfaßten Texte kann man Hans Blumenberg in seinen Überlegungen zur Technik zudem als einen Autor entdecken, der in den 1950er und 60er Jahren häufig mit dem Rundfunk zusammenarbeitet.

Der Text über *Einige Schwierigkeiten, eine Geistesgeschichte der Technik zu schreiben* wird, von Blumenberg selbst gelesen, erstmals am 23.5.1966 (und nochmals am 3.3.1967) im WDR gesendet. Aus der *Kunst der Vermutung* von Nikolaus von Cues, die Blumenberg 1957 herausgegeben und eingeleitet hatte, stellt er für die Sendereihe *Dialoge der Weltliteratur* ein Manuskript zusammen, das am 20. 6. 1966 gesendet wird. Am 2. 12. 1966 wird ein Manuskript Blumenbergs mit dem Titel *Antiker und neuzeitlicher Wirklichkeitsbegriff* im WDR vorgetragen, und er wirkt, um ein weiteres Beispiel anzuführen, mit am Gespräch über *Thesen, Hypothesen. Kontroverse Wissenschaft* (am 1. 4. 1968, ebenfalls im WDR). Recherchen beim WDR und beim Deutschen Rundfunkarchiv in Wiesbaden haben jedoch bislang nur eine einzige Sendung zutage fördern können, die Blumenberg selbst liest und die als Tondokument überliefert ist. Es handelt sich um den Vortrag *Die Maschinen und der Fortschritt. Gedanken zu einer Geistesgeschichte der Technik* (HR, zuerst am 12. 12. 1967), der bis auf einige Kürzungen dem in dieser Edition abgedruckten Referat zum Historikertag entspricht. So ist es zuletzt ein glücklicher Umstand, einer Edition zur Historiographie technischer Entdeckungen eine CD beilegen zu können, die Hans Blumenbergs Stimme aufzeichnet.

Konstanz, im April 2009
Alexander Schmitz / Bernd Stiegler

Namenregister